职业教育赛教一体化课程改革系列规划教材

物联网嵌入式开发

WULIANWANG QIANRUSHI KAIFA

郝自勉　吴丰盛　主　编

钱雪薇　宋　武　郑雄飞　陈家枫　副主编

于继武　主　审

中国铁道出版社有限公司

CHINA RAILWAY PUBLISHING HOUSE CO., LTD.

内 容 简 介

本书结合目前物联网发展及省赛、国赛中知识技能点，以 STC15、CC2530 单片机及 ZigBee 为研究对象，从单片机、传感器、无线传感网 3 个层面阐述了物联网嵌入式开发关键技术及部分典型应用。全书共分为 6 个项目，共 27 个任务，主要内容包括物联网融合平台的体验、传感层开发环境的搭建、STC15 单片机应用开发、传感控制器的应用、CC2530 单片机应用开发、传感网络的实现，以及各领域的典型任务案例。考虑到高职学生的特点，对相关的理论知识本着够用的原则进行了简化，突出了应用方面的内容。

本书适合作为高等职业院校物联网应用技术专业及其相关专业的教材，也可供从事物联网产品研发的技术人员阅读。

图书在版编目（CIP）数据

物联网嵌入式开发/郝自勉，吴丰盛主编. —北京：
中国铁道出版社有限公司，2019.9（2024.1 重印）
职业教育赛教一体化课程改革系列规划教材
ISBN 978-7-113-25811-5

Ⅰ. ①物… Ⅱ. ①郝… ②吴… Ⅲ. ①吴联网络－应用－
职业教育－教材 ②智能技术－应用－职业教育－教材
Ⅳ. ①TP393.4 ②TP18

中国版本图书馆 CIP 数据核字(2019)第 180135 号

书　　　名：物联网嵌入式开发
作　　　者：郝自勉　吴丰盛

策　　　划：徐海英　　　　　　　　　　　　　编辑部电话：（010）63551006
责任编辑：王春霞　彭立辉
封面制作：刘　颖
责任校对：张玉华
责任印制：樊启鹏

出版发行：中国铁道出版社有限公司（100054，北京市西城区右安门西街 8 号）
网　　　址：http:// www.tdpress.com/51eds/
印　　　刷：三河市航远印刷有限公司
版　　　次：2019 年 9 月第 1 版　　2024 年 1 月第 4 次印刷
开　　　本：850 mm×1 168 mm 1/16　印张：11.25　字数：276 千
书　　　号：ISBN 978-7-113-25811-5
定　　　价：35.00 元

为认真贯彻落实党的二十大精神、教育部实施新时代中国特色高水平高职学校和专业群建设，扎实、持续地推进职校改革，强化内涵建设和高质量发展，落实双高计划，抓好职业院校信息技术人才培养方案实施及配套建设，在湖北信息技术职业教育集团的大力支持下，武汉唯众智创科技有限公司统一规划并启动了"职业教育赛教一体化课程改革系列规划教材"（《云计算技术与应用》《大数据技术与应用Ⅰ》《网络综合布线》《物联网.NET开发》《物联网嵌入式开发》《物联网移动应用开发》）。本书是"教育教学一线专家、教育企业一线工程师"等专业团队的匠心之作，是全体编委精益求精，在日复一日年复一年的工作中，不断探索和超越的教学结晶。本书教学设计遵循教学规律，涉及内容是真实项目的拆分与提炼。全书以实现物联网嵌入式开发系统为中心，并适当扩展当前物联网嵌入式开发必备的基本技能，坚持以技能操作培养为中心，理论知识够用的原则组织编写。

本书按照自下而上的内容设计思路，从单片机、传感器、无线传感网三方面讲述物联网的嵌入式开发关键技术。主要包括6个项目：

项目1物联网融合平台的体验，在零编程的基础上，利用在平台上创建一个可体验的应用场景，加深初学者对物联网感知、网络、应用的三层体系结构及相关技术的认知和理解。

项目2传感层开发环境的搭建，通过一个简单工程的创建、编译、下载过程，介绍了目前传感层开发环境主流软件的安装、配置、操作方法及使用中的注意事项。

项目3 STC15单片机应用开发，以STC15W4K56S4系列单片机为开发对象，讲述了单片机GPIO口、定时/计数器、外部中断、串行口通信、PWM以及A/D转换等常用功能的应用开发技术。

项目4传感控制器的应用，在STC15W4K32S4单片机的基础上，介绍了常见传感器的特点及其数据获取的编程实现技术。

项目5 CC2530单片机应用开发，以CC2530F256单片机为开发对象，讲述了外部中断、定时器、串行口通信、ADC转换、看门狗控制、I/O接口控制等基础功能的使用和应用开发。

项目6传感网络的实现，以CC2530芯片为研究对象，介绍了基于ZigBee协议栈无线通信技术的实现。

本书作为高等职业院校物联网相关专业的教材，针对物联网嵌入式开发相关领域，结合

赛教一体化编写思想，以身边常见生活场景设计项目为导向来设计任务，使学生在学习之后具备初步的实际工程应用技能。本书也可以作为社会培训机构物联网技术的培训教材，对从事物联网、计算机网络的工程技术人员也有一定的参考价值。

本书由湖北城市建设职业技术学院郝自勉、武汉城市职业学院吴丰盛任主编，湖北城市建设职业技术学院钱雪薇、黄冈职业技术学院宋武、浠水理工中等专业学校郑雄飞、武汉唯众智创科技有限公司陈家枫任副主编。具体编写分工：郝自勉编写了项目 6，吴丰盛编写了项目 3，钱雪薇编写了项目 2，宋武编写了项目 4；郑雄飞编写了项目 5，陈家枫编写了项目 1。全书由郝自勉统稿，武汉软件工程职业学院于继武主审。书中涉及的资源可到中国铁道出版社有限公司网站 www.tdpress.com/51eds/ 下载。

由于时间仓促，编者水平有限，书中难免存在疏漏与不妥之处，敬请广大读者批评指正。

编　者

2024 年 1 月

目　录

项目 1

物联网融合平台的体验

项目引入

物联网应用已经走入人们的生活，通过物联平台的搭建及配置，建立一个智能家居的应用场景，认知物联网的基本概念及其感知、网络、应用的三层体系结构，了解物联网应用常见技术。

学习目标

- 了解物联网的基本概念及体系结构。
- 掌握云服务器部署的方法。
- 能够熟练在物联网融合平台中建立应用案例。
- 掌握智能家居中应用场景约束规则的建立方法。

项目描述

通过物联网融合平台的操作，创建一个智能家居的体验场景，实现随着室内温度的变化自动开关风扇、检测可燃气泄漏报警、根据光线的明暗自动开关灯等功能。同时，可以根据用户添加自定义数据采集和策略来增强体验感。

工作任务

- 任务1 智慧家居案例的创建
- 任务2 智慧家居设备的部署

任务 1 **智慧家居案例的创建**

 **任务描述**

登录物联网融合平台，完成相关配置，创建用户，获取云平台的基本服务。

知识引入

1. 物联网基本知识

（1）物联网的概念。物联网（The Internet of things）的概念很多，这里引用吴功宜教授《物联网技术与应用》教材中"物联网是在互联网、移动通信网等通信网络的基础上，针对不同应用领域的需求，利用具有感知、通信与计算能力的智能物体自动获取物理世界的各种信息，将所有能够独立寻址的物理对象互联起来，实现全面感知、可靠传输、智能处理，构建人与物、物与物互联的智能信息服务系统。"的概念来描述。

（2）物联网的体系结构。目前，大多数文献将物联网体系结构分为三层：感知层、网络层和应用层。

● 感知层：主要完成信息的采集和处理转换，信息采集通过传感器、RFID、二维码/条码、多媒体信息、生物等设备采集外部物理世界的数据，然后通过工业现场总线、蓝牙、红外等短距离传输技术传递数据。

● 网络层：主要完成信息传递和处理，通过移动通信网、互联网、企业内部网、各类专网、小型局域网等网络通信技术实现数据长距离传输。

● 应用层：主要完成数据的管理和数据的处理，利用程序开发和知识发现等技术进行数据处理，并将这些数据与行业应用相结合。它涵盖了国民经济和社会的每一领域，包括电力、医疗、银行、交通、环保、物流、工业、农业、城市管理、家居生活等，包括支付、监控、安保、定位、盘点、预测等，可用于政府、企业、社会组织、家庭、个人等。期间还涉及人机交互的终端设备等制造技术。

（3）物联网的应用。物联网应用领域广泛，2012 年 2 月 13 日，工业和信息化部制定了《物联网"十二五"发展规划》。支持在经济运行、基础设施和安全保障、社会管理和民生服务等重点领域应用示范工程的建设，具体包括智能工业、智能农业、智能物流、智能交通、智能电网、智能环保、智能安防、智能医疗与智能家居九大领域。

● 智能工业：生产过程控制、生产环境监测、制造供应链跟踪、产品全生命周期监测，促进安全生产和节能减排。

● 智能农业：农业资源利用、农业生产精细化管理、生产养殖环境监控、农产品质量安全管理与产品溯源。

● 智能物流：建设库存监控、配送管理、安全追溯等现代流通应用系统，建设跨区域、行业、部门的物流公共服务平台，实现电子商务与物流配送一体化管理。

● 智能交通：交通状态感知与交换、交通诱导与智能化管控、车辆定位与调度、车辆远程监测与服务、车路协同控制，建设开放的综合智能交通平台。

● 智能电网：电力设施监测、智能变电站、智能用电、智能调度、远程抄表，建设安全、稳定、可靠的智能电力网络。

● 智能环保：污染源监控、水质监测、空气监测、生态监测，建立智能环保信息采集网络和信息平台。

● 智能安防：社会治安监控、危化品运输监控、食品安全监控，重要桥梁、建筑、轨道交通、水利设施、市政管网等基础设施安全监测、预警和应急联动。

● 智能医疗：药品流通和医院管理，以人体生理和医学参数采集及分析为切入点面向家庭和社区开展远程医疗服务。

● 智能家居：家庭网络、家庭安防、家电智能控制、能源智能计量、节能低碳、远程教育等。

在"十三五"规划中指出，需要物联网企业发挥技术创新、业务创新、模式创新和集成创新能力，培育新模式、新业态，在工业制造和现代农业等传统行业领域，车联网、智能家居和医疗健康等消费民生领域，推广特色应用。

2. 物联网融合平台的介绍

物联网融合平台通过简单配置实现传感器数据的接入、存储、展现以及设备控制，提供数据接口。为开发者提供了一个快速了解物联网行业应用、学习物联网相关技术的平台。为物联网大数据采集、存储、分析以及应用管理提供了基础。

本书采用的平台具备以下特点：

（1）跨平台：基于 Web 架构所需的仅仅是网页浏览器或者移动终端，无须纠结使用哪款操作系统，任何可以上网的 PC、智能手机、平板计算机等设备都可以随时随地地访问平台。

（2）安全、稳定：系统提供了完善的权限保障机制，平台数据传输身份认证方面采用 MD5 签名验证；对于耗时较为严重，需占用较多资源的功能，实现异步调用；事件驱动模型和事件注册机制最大限度地发挥异步多线程服务的优点。

（3）技术先进功能强大：平台 B/S 采用 MVC 模式开发；抽象出对象层、展现层和控制层，之间没有依赖性，松耦合的代码组织方便进行大规模的并行开发，分批分次对整个系统进行升级、维护、改造提供基础，扩展能力极强。

（4）支持多传感器的规则与动作：平台支持传感器规则定义，根据用户定义的一个或多个条件，后台实时监控，在满足条件的情况下，对相应传感器进行控制。

（5）多设备管理：平台实现不同类型、不同数量的设备管理。

（6）多协议支持：平台物联网设备支持 433M、支持 ZigBee 等协议。

（7）提供相关 API：平台根据项目生成对应 API 文档，学生可在开发时查阅与使用。

 **任务实现**

1. 登录物联网融合平台

在浏览器中输入物联网融合平台 IP 地址，在登录页面输入自己的用户名、密码后，单击"登录"按钮，进入平台；平台首页会显示当前登录用户的所有项目，如图 1-1 所示。

图 1-1　用户项目

2. 新增项目案例

　　单击界面中"新增项目"或"马上新增一个项目"，在弹出如图 1-2 所示的新增页面中，输入相关信息后单击"确定"按钮，完成项目新增。

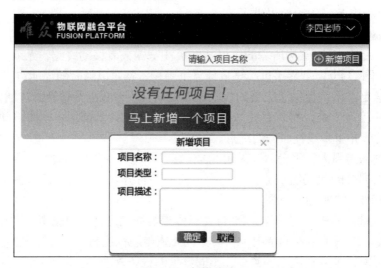

图 1-2　新增项目

　　项目类型主要分为智慧教室、智慧城市、智慧农业、智能家居、智慧监控、智慧安防，可依据创建项目类型选取。

　　新增成功的项目会出现在项目列表中。此时拥有一个空的项目案例，需要添加场景所需的设备才能实现数据的采集和控制。

 **任务小结**

　　本任务主要介绍如何在物联平台中创建项目的操作，平台需要注册才能登录使用，如果是平台已注册用户，可以直接登录。如果该用户是第一次登录或将自己的项目全部删除，需要创建项目后才可进行后续操作。

任务 2 智慧家居设备的部署

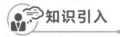

任务描述

在新建项目案例中，创建一个智能家居的体验场景，添加温湿度、可燃气、光敏传感器及继电器等执行器。

知识引入

1. 物联网网关

物联网网关是连接感知网络与传统通信网络的纽带。作为网关设备，物联网网关可以实现感知网络与通信网络，以及不同类型感知网络之间的协议转换，既可以实现广域互联，也可以实现局域互联。此外，物联网网关还需要具备设备管理功能，运营商通过物联网网关设备可以管理底层的各感知节点，了解各节点的相关信息，并实现远程控制。

本书实验平台采用的物联网网关是基于 ARM Cortex-M4 核心的通信网关，用以管理无线节点模块，将多个无线节点模块视作不同设备，并将无线节点模块的数据转换为 TCP 网络通信，同无线节点模块可以互通互联，构建物联网络。

网关是衔接无线模块和 APP 应用的枢纽，如图 1-3 所示。单片机通过与无线物联模块的连接，可以直接将数据传输到物联网平台上，在此平台上，Android 及 C# 终端应用，可以通过 SDK 随时获取到单片机的数据，而这一切，正是由物联网关负责协调和管理的。在本项目的知识拓展部分介绍了如何利用平台数据接口进行移动端开发的示例。

图 1-3 物联网网关

物联网网关接口如图 1-4 所示。

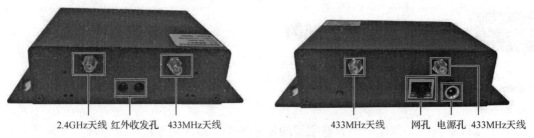

图 1-4　物联网网关接口

（1）电源孔：用来输入 5 V 直流电源以供网关工作。

（2）网孔：用来插入 RJ45 网线以供网关联网，网线必须具备网络接入。

（3）红外收发孔：可以通过此口收发红外遥控信号。

（4）433 MHz 天线：用来扩充 433 MHz 无线信号。

（5）2.4 GHz 天线：用来扩充 2.4 GHz 无线信号。

2. 终端节点

终端节点包含节点板、传感器模块和无线通信模块，无线节点模块内部采用 I/O 通信和串行口（简称串口）通信两种方式，可以直接同 MCU 或嵌入式系统对接，将 MCU 或嵌入式系统的 I/O 状态或传感器数据直接传输到物联系统中。无线通信模块支持 ZigBee、433 MHz 等多种通信方式。无线节点可以直接通过配套的配置工具进行功能配置，动态改变无线节点模块 I/O 口的功能，功能包括按键接入、数字量接入、数字量输出、模拟量输入、PWM 输出，应做到切换这些功能时，无须重新烧写无线节点固件。

物联网节点板主要是一个插件底板，结构如图 1-5 所示，左上角的接口用来插入无线通信模块（含 STC15 单片机）；右上角的接口用来插入传感器模块。所有无线通信模块和传感器模块与节点板的接口都是统一的，硬件上可以无缝替换；教材提供完整的代码资源供大家参考学习。

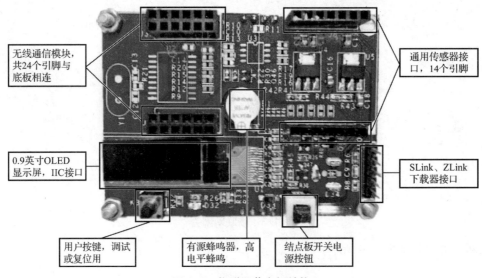

图 1-5　物联网节点板结构

3. 传感器与执行器

传感器是指各种可用于收集各种数据的特殊电子元器件，是物联网系统感知客观世界信息的神经末梢，类似于人类的感官系统，如温度、湿度、可燃气、压力传感器等。执行器是指可输出信号或动作至外部的特殊电子元器件，例如，电动调节阀的执行器，可以根据电信号的变化自动调节阀门的开度。

传感器在现实生活中随处可见，如各种可穿戴设备、无线通信设备、智能控制设备等，很多常用的电子器件一般包含多种传感器。例如，一些高端手机已经集成了十几种传感器，而且这一数字还会增加，一辆普通家用轿车上大约会安装几十到近百只传感器，豪华轿车传感器的数量可多达 200 余只，种类达几十种，可见传感器在生活中应用之广泛。

按功能可以将传感器划分为：电传感器、磁传感器、位移传感器、压力传感器、振动传感器、速度传感器、加速度传感器、流量传感器、流速传感器、温度传感器、光传感器、射线传感器、分析传感器、仿生传感器、气体传感器、离子传感器等。

随着技术的发展，出现一些新型传感器：红外传感器、激光传感器、光纤传感器、紫外线传感器、机器人传感器、智能传感器、数字传感器。

本书中所采用设备如表 1-1 所示。

表 1-1　传感器和执行器表

序号	名　称	用　途	外　观
1	温湿度传感器	包含一个数字温湿度采集模块，单片机可通过单线 I/O 通信协议，获取采集到的温湿度值	
2	可燃气传感器	包含一个模拟量可燃气（烟雾）浓度传感器，单片机可通过 ADC 采样口来采样模拟量电压值。 包含一个模拟量比较器，当采样值高于一定阈值时，比较器输出 I/O 电平给单片机	
3	光照传感器	包含一个模拟量光照值传感器，单片机可通过 ADC 采样口来采样模拟量电压值。 包含一个模拟量比较器，当采样值高于一定阈值时，比较器输出 I/O 电平给单片机	
4	噪声传感器	包含一个模拟量噪声值传感器，单片机可通过 ADC 采样口来采样模拟量电压值。 包含一个模拟量比较器，当采样值高于一定阈值时，比较器输出 I/O 电平给单片机	
5	RFID 传感器	包含一个 RFID 传感器，当放置射频卡 / 电子标签于其附近时，单片机可以通过 RFID 模块读取到对应的电子标签信息	
6	RGB 识别传感器	包含一个 RGB 值采样传感器，单片机可以通过 I2C 协议读取传感器前的颜色值	

序号	名称	用途	外观
7	继电器传感器	包含一个完整的继电器驱动电路,单片机可通过 I/O 口来控制继电器开合,接线时,需注意极性正负。 包含一个指示灯,单片机可通过 I/O 来控制指示灯亮灭	
8	RGB 光照模块	作为执行器使用,包含一组 RGB 三色灯,可通过独立的 3 个 I/O 口控制 Red、Green、Blue 灯的颜色,从而组合出不同颜色	
9	语音播放模块	作为执行器使用,包含完整的语音播放电路,单片机可通过串行口设置指令,让语音播放模块播放语音	
10	红外收发模块	包含红外线遥控接收头及发射头,单片机可以通过此模块,接收并学习家电的遥控器信号,也可以发射遥控器信号,从而达到控制家电的目的	
11	LED 点阵模块	作为执行器使用,包含 4 块 8×8 点阵,从而组合成 16×16 点阵,单片机可以输出不同的字符到此点阵上	
12	RS485 通信模块	作为通信用,包含 485 通信电路,可以成对地进行数据收发	

在本任务中,需要温湿度、可燃气、光敏传感器和继电器等执行器。

任务实现

1. 添加网关

(1) 单击图 1-6 项目列表中的设备信息,打开设备管理界面如图 1-7 所示。

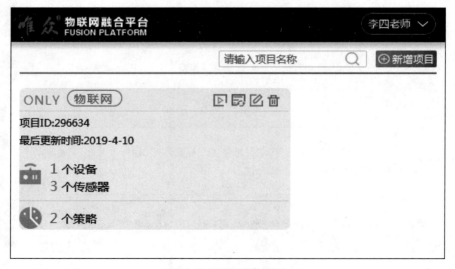

图 1-6　项目列表界面

图 1-7　设备管理界面

（2）在图 1-8 所示的"设备类型"中选择"网关"，输入网关 IP 地址以及 SN 号，单击"确定"按钮完成网关的添加，完成后的界面如图 1-9 所示。

图 1-8　设备类型

图 1-9 设备状态列表

2. 添加传感器、控制器

网关添加成功后，系统会自动获取所添加网关下所有传感器的设备信息，无须单独添加，单击列表中操作栏中的按钮对设备进行操作，进入传感器信息列表页面，如图 1-10 所示。

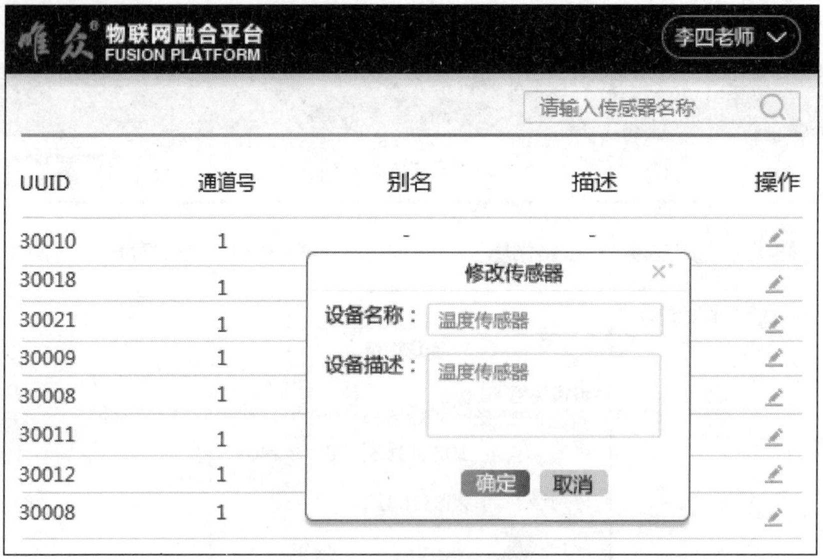

图 1-10 传感器信息列表

图 1-10 中 UUID 代表传感器节点在物联网平台系统中的编号，此编号为方便后期上位机程序开发中调用，编号与传感器的对应关系请查看产品技术文档。单击"操作"中的"编辑"按钮可以对传感器添加自定义名称。这里对温湿度(UUID:30008)、可燃气(UUID:30010)、光敏(UUID:30009)进行自定义名称的添加。

至此，智能家居项目案例环境已经完成，后期需要加入相应的约束规则来实现场景响应。

任务小结

在本任务中主要是根据场景完成设备的添加，设备添加成功后，平台会自动解析设备下的传感器，不需要再次对传感器进行添加。物联平台自动实现定时检查设备是否在线，更新设备列表状态栏中的信息，如果无法获取平台数据，应该先检查设备状态。

知识拓展

设备添加完成后，在项目列表页面，在项目中单击"发布接口"按钮，生成该项目的 API 接口，如图 1-11 所示。可根据生成的 API 接口在物联网平台进行开发。

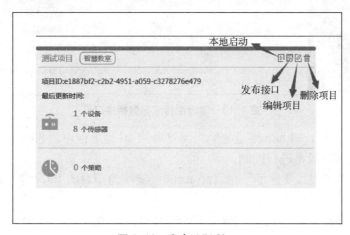

图 1-11 发布 API 接口

单击"发布"接口按钮后，页面自动跳转到 API 接口页面，如图 1-12 所示。

组别	HTTP	API地址	描述
项目API	GET	getProjectState/{projectId}	查看项目当前状态
	GET	isStartOfProject/{projectId}	查看项目是否启动
	GET	sCreateOfProject/{projectId}	查看项目是否生成
设备API	GET	getDevs/{projectId}	查看项目下的设备
	GET	getOneDev/{devId}	查看单个设备信息
传感器API	GET	getSensorData/{projectId}/{sn}	传感器的最新数据
	GET	getOneSensorData/{projectId}	查询传感器新数据
执行器API	GET	controlSensorByVariable/	通过键值控制执行器
	GET	/camera/login/{cameraIp}	通过变量控制执行器
摄像头API	GET	/camera/logout/{cameraip}	建立连接

图 1-12 API 接口

选择相应接口，单击"查询单个传感器最新数据"，本节以获取温湿度传感器数据为例，查询结果如图 1-13 所示。

图 1-13 温湿度传感器数据接口

根据 API 生成的接口，将 http 地址复制到浏览器的 url 地址栏中，并将相关参数进行替换，便可获取到设备的数据或对设备进行控制。

将图 1-13 中"请求方式及地址"中 {projectid} 替换为项目的 ID，将 {uuid} 替换为传感器的 ID。例如：

项目 ID 为 d4e9f9af-1482-4be9-a096-63f7ae015a03，传感器 ID 为 30008。替换后的 url 为：http://192.168.0.193:8080/wziot/wzIotApi/getOneSensorData/d4e9f9af-1482-4be9-a096-63f7ae015a03/30008，此时即可在浏览器中获取数据。

通过物联平台 API 接口，可以方便地实现与上层应用对接，用户可以利用 Android Studio 开发一个实时温度监控的 APP。主要代码如下：

（1）在 AndroidManifest.xml 配置文件中，添加网络权限：

```
<uses-permission android:name="android.permission.INTERNET"/>
```

（2）程序运行后获取温度数据，代码如下：

```
Wz_HttpTools wht=new Wz_HttpTools(handler);
wht.setHttpURL("http://192.168.0.193:8080/wziot/wzIotApi/getOneSensorData/
d4e9f9af-1482-4be9-a096-63f7ae015a03/30008");
TimerTask task=wht.getJsonData();
timer.schedule(task, 2000, 2000);

public void show(String jsonResult, String index){
    try {
        JSONArray obj=new JSONObject(jsonResult).getJSONArray("res");
        for(int i=0; i<obj.length(); i++){
            JSONObject json=(JSONObject) obj.get(i);
```

```
        String rindex=json.getString("passGatewayNum");
        if (index.equals(rindex)) {
            String value=json.getString("value");
            svalue.setText(value);
        }
    }
} catch (JSONException e){
    e.printStackTrace();
}
}
```

项目总结

　　物联网应用技术涉及多个交叉学科知识，本项目通过操作来建立一个可体验的应用场景的过程，加深初学者对物联网体系结构及相关技术的理解。可以利用时间了解物联平台 API 功能接口，为后期上位机或移动端开发打下基础。

常见问题解析

　　添加设备时会验证平台与设备是否连接通，在没有连通或输入信息错误的情况下，将新增失败。常见失败原因以及解决方案如下：
　　（1）网关未开启：为网关通电，开启网关。
　　（2）网关与平台不在同一局域网：设置网关与平台在同一局域网内。
　　（3）网关 IP 或 SN 填写错误：检查设备上标签与填写内容。

习　题

一、选择题

1. 下面（　　　）不属于物联网三层体系结构描述。
　　A. 感知层　　　　　　B. 网络层　　　　　　C. 应用层　　　　D. 物理层

2. 下面关于物联网网关描述不正确的是（　　　　）。
　　A. 物联网网关是连接感知网络与传统通信网络的纽带
　　B. 物联网网关可以实现不同类型感知网络之间的协议转换
　　C. 物联网网关还需要具备设备管理功能
　　D. 物联网网网关可以用路由器代替

3. 下面不属于传感器设备范畴的是（　　　）。
　　A. 人体红外　　　　　B. 温湿度　　　　　　C. 光敏　　　　D. 语音播报

4. 下面描述不正确的是（　　　）。
   A. 传感器是指各种可用于收集各种数据的特殊电子元器件
   B. 执行器是指可输出信号或动作至外部的特殊电子元器件
   C. 传感器和执行器在有些情况下可以相互替代
   D. 各类传感器获取数据的工作原理是相同的

5. 下面关于物联网通信技术描述正确的是（　　　）。
   A. 感知数据传输主要是通过短距离通信技术实现
   B. 在物联网中不需要长距离通信技术支持
   C. 蓝牙通信技术是最适合物联网的传输技术
   D. 在感知层数据通信都是利用无线传输技术来实现的

6. 下面关于物联平台策略的相关描述正确的是（　　　）。
   A. 一个策略中只允许添加一个传感器与一个执行器
   B. 一个执行器允许在同一策略中重复使用
   C. 策略中可以实现温度、光照两种传感器的条件控制风扇的启停
   D. 策略中无法实现温度、光照两种传感器的条件控制风扇的启停

二、实践题

1. 通过对物联平台中案例的学习，绘制案例物联网体系结构图。

2. 根据对物联网体系结构及相关应用领域的理解，设计一个生活中的物联网应用场景，主要对场景功能、相关传感器、执行器等设备进行描述。

项目 2

传感层开发环境的搭建

项目引入

传感层的开发主要是对节点的单片机进行程序开发，编译下载到单片机中使其实现相应的功能，目前主要使用汇编语言和 C 语言。支持单片机的编程环境有很多，不同厂家的产品适用的环境不一定相同，主流的编程环境是 IAR 和 Keil。本书项目 2、项目 3 和项目 4 中所有例程是在 Keil C51 开发环境中进行的，利用 stc-isp-15xx-v6.86C 进行程序的下载和烧录。

学习目标

- 了解单片机的基本概念。
- 掌握主流单片机开发环境的安装与配置的方法。
- 掌握单片机程序下载软件配置与操作的方法。
- 完成一个工程文件的创建与下载。

项目描述

安装物联网传感层单片机开发环境 Keil C51，根据单片机型号进行环境配置，在开发环境中完成一个工程文件的编写，利用 stc-isp-15xx-v6.86C 烧写软件完成单片机的下载，进行功能测试，观察结果。

工作任务

- 任务 1　开发环境的安装与配置
- 任务 2　第一个工程文件的创建
- 任务 3　程序的下载与烧录

任务 1　开发环境的安装与配置

任务描述

在计算机上安装 Keil C51，安装完成后根据单片机的型号进行相应的配置，能够适应单片机的程序开发环境。

知识引入

1. 单片机的基本知识

单片机是指在一片集成电路芯片上集成中央处理器（CPU）、存储器（ROM 和 RAM）、I/O 接口、电路等而构成的单芯片微型计算机。

（1）CPU：由运算器和控制器组成，同时还包括中断系统和部分外部特殊功能寄存器。

（2）RAM：用以存放可以读/写的数据，如运算的中间结果、最终结果以及欲显示的数据。

（3）ROM：用以存放程序、一些原始数据和表格。

（4）I/O 接口：4 个 8 位并行 I/O 接口，既可用作输入，也可用作输出。

（5）T/C：两个定时器/计数器，既可以工作在定时模式，也可以工作在计数模式。

1980 年 Intel 公司推出了 MCS-51 系列单片机，集成 8 位 CPU、4 KB ROM、128 B RAM、4 个 8 位并行口、1 个全双工串行口、2 个 16 位定时器/计数器。寻址范围 64 KB，并有控制功能较强的布尔处理器。80C51 是 MCS-51 系列中的一个典型品种，其他厂商以 8051 为基核开发出的 CMOS 工艺单片机产品统称为 80C51 系列。目前主要的 80C51 单片机有 Intel 的 80C31、80C51、80C32、80C52、87C52；Atmel 的 AT89C51、AT89C52、AT89C2051 等；STC 的 89C51、89C52、90C51、STC15w；Philips 的 P80C54、P80C58、P87C54；华邦的 W78C54、W78C58、W78E54；Siemens 的 C501-1R、C513A-H 等公司的许多产品。

本书采用宏晶科技 STC15W4K32S4 系列单片机中 STC15W4K56S4 作为主控芯片，如图 2-1 所示，包含增强型单周期指令 51 内核，支持多达 4 路串行口、8 路定时器/计数器，60 KB Flash，4 KB RAM，同时支持片内 EEPROM、WDT、ADC、PWM 等功能。

STC15W4K32S4 系列单片机内部结构框图如图 2-2 所示，包含中央处理器（CPU）、程序存储器（Flash）、数据存储器（SRAM）、定时器/计数器、掉电唤醒专用定时器、I/O 接口、高速 A/D 转换器、比较器、把关定时器 [俗称看门狗（WDT）]、UART 高速异步串行通信口 1/2/3/4、CCP/PWM/PCA、高速同步串行通信端口（SPI），片内高精度 R/C 时钟及高可靠复位模块。

2. Keil C51 软件介绍

Keil C51 是美国 Keil 软件公司（现已被 ARM 公司收购）出品的支持 8051 系列单片机架构的一款 IDE（集成开发环境）。

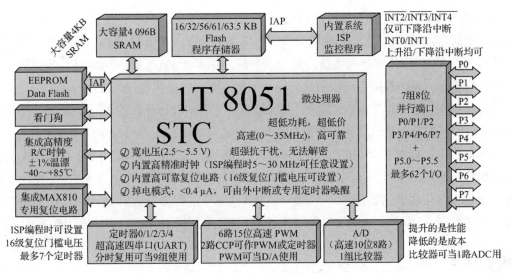

图 2-1　STC15W4K56S4 芯片

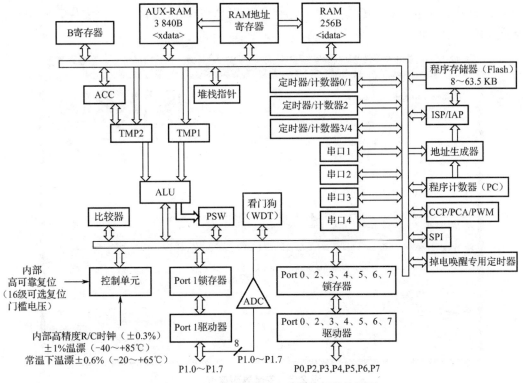

图 2-2　STC15W4K32S4 系列内部结构框图

　　μVision 4 IDE 是一个窗口化的软件开发平台，它集成了功能强大的编辑器、工程管理器以及各种编译工具（包括 C 编译器、宏汇编器、连接/装载器和十六进制文件转换器）。μVision 4 包含以下功能组件：功能强大的源代码编辑器、可根据开发工具配置的设备数据库、用于创建和维护工程的工程管理器、集汇编、编译和连接过程于一体的编译工具、用于设置开发工具配置的对话框、真正集成高速 CPU 及片上外设模拟器的源码级调试器、高级 GDI 接口，可用于目标硬件的软件调试和 Keil ULINK 仿真器的连接、用于下载应用程序到 Flash ROM 中的 Flash 编程器以及完善的开发工具手册、设备数据手册和用户向导，能加速嵌入式应用程序开发过程。

  μ Vision 4 IDE 使用简单、功能强大，是保证设计者完成设计任务的重要保证。μ Vision 4 IDE 还提供了大量的例程及相关信息，有助于开发人员快速开发嵌入式应用程序。

  μ Vision 4 IDE 提供了 Build Mode（编译）和 Debug Mode（调试）两种工作模式。编译模式下用于维护工程文件和生成应用程序；调试模式下，既可以用功能强大的 CPU 和外设仿真器测试程序，也可以使用调试器经 Keil ULINK USB–JTAG 适配器（或其他 AGDI 驱动器）连接目标系统来测试程序。ULINK 仿真器能用于下载应用程序到目标系统的 Flash ROM 中。

 任务实现

1. 安装 Keil C51

  （1）在教材资源包"开发工具"文件夹中找到 C51V900.exe 文件，双击文件开始安装，安装界面首页如图 2-3 所示。

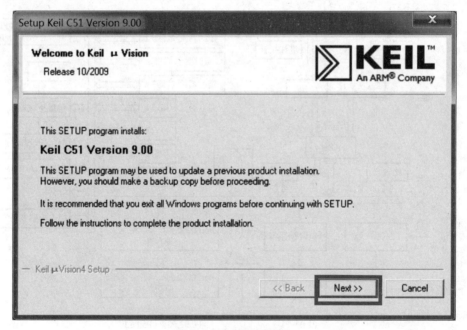

图 2-3 安装界面首页

  （2）单击窗口中的 Next 按钮，进入如图 2-4 所示的 License Agreement 对话框。

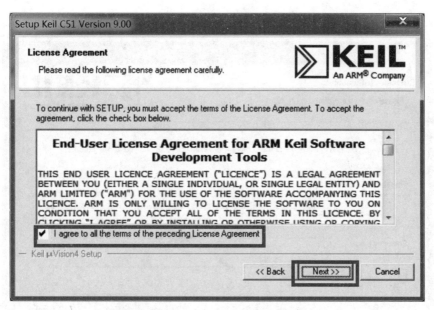

图 2-4　License Agreement 对话框

（3）选中 I agree to all the terms of the preceding License Agreement 复选框，保持选中状态，单击 Next 按钮，进入如图 2-5 所示的 Folder Selection 对话框。

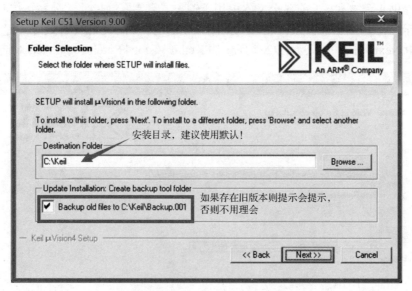

图 2-5　Folder Selection 对话框

在窗口的 Destination Folder 区域文本框中显示默认安装路径，单击右侧 Browse 按钮可以更改安装路径，此处建议采用默认路径。

如果计算机以前安装过 Keil C51，在窗口中 Update Installation:Create backup tool folder 区域出现复选框 Backup old files to C:\Keil\Backup.001，此选项不用理会，如果不是重复安装则不会提示。

（4）设置完成后，单击 Next 按钮，进入如图 2-6 所示的 Customer Information 窗口。

图 2-6　Customer Information 对话框

此窗口中提供 4 个文本框，前 3 个文本框用于输入"名字""姓名""公司"信息，可以随意填写，第 4 个表示"邮箱"信息，属于必填项，在 E-mail 文本框中填入有效邮箱地址，设置完成后，单击窗口中 Next 按钮，进入如图 2-7 所示的 Keil μ Vision4 Setup completed 对话框。

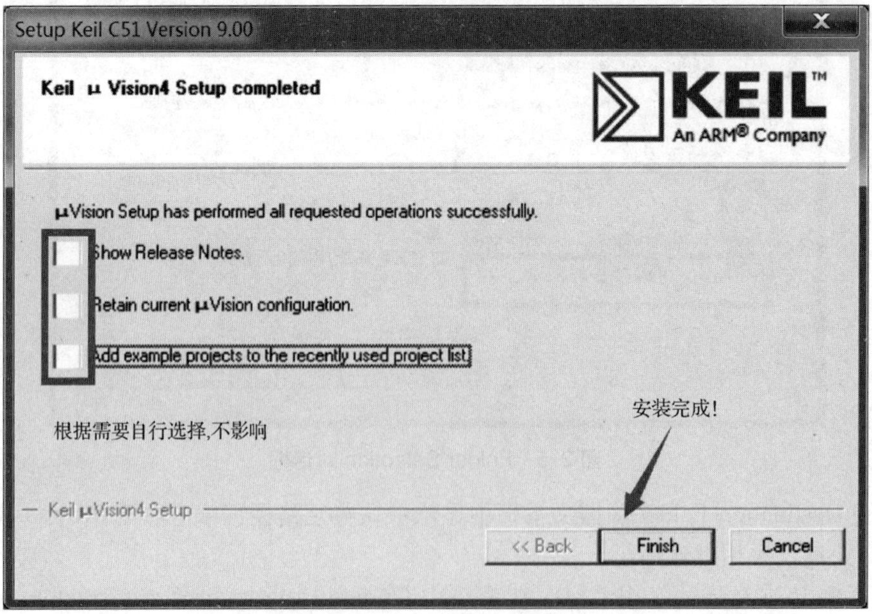

图 2-7　Keil μ Vision4 Setup completed 对话框

对话框中 3 个复选框可以根据需要自行选择是否勾选，单击 Finish 按钮，完成 Keil C51 软件的安装。

2. 添加单片机型号

Keil C51 安装完成后可以新建和打开工程文件，但是对 STC 单片机的支持不好，默认没有 STC 单片机的型号和对应的头文件，只能使用 reg51.h 或 reg52.h 来替代。为了很好地支持 STC 单片机的新功能并方便开发，因此必须要把 STC 型号添加到 Keil C51 环境中。

（1）在教材资源包"开发工具"文件夹中找到 stc-isp-15xx-v6.86C.exe 文件，双击运行该软件，进入如图 2-8 所示界面，选择"Keil 仿真设置"选项卡，单击"添加型号和头文件到 Keil 中添加 STC 仿真器驱动到 Keil 中"按钮。

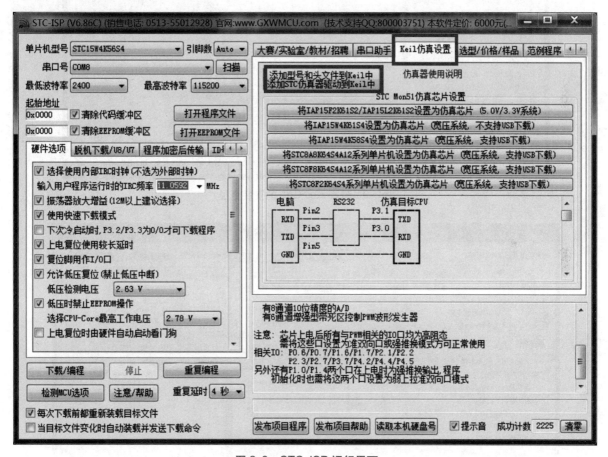

图 2-8　STC-ISP 运行界面

（2）在打开的"浏览文件夹"对话框中，选择 Keil C51 的安装路径，如图 2-9 所示。

（3）单击"确定"按钮，出现如图 2-10 所示的提示信息对话框，表示添加成功。

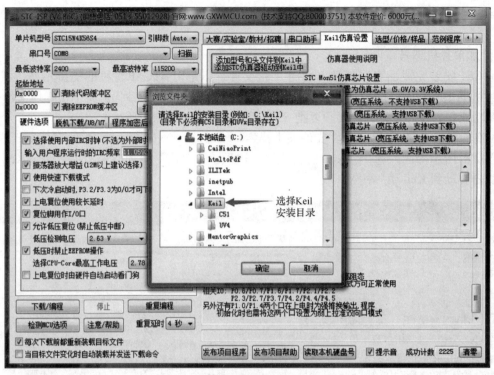

图 2-9 选择 Keil C51 的安装路径

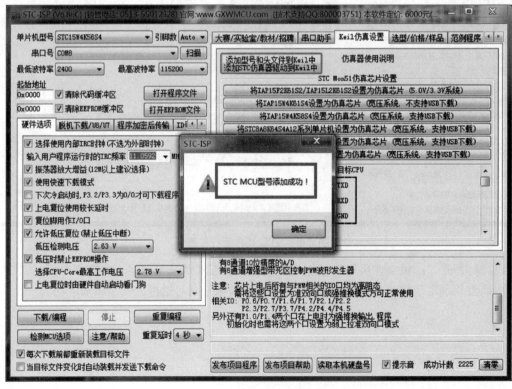

图 2-10 STC MCU 型号添加成功

 **任务小结**

本任务主要完成单片机开发环境的安装与配置,单片机型号较多,不同厂家也存在不同的开发环境要求,因此根据单片机型号来对开发环境相关选项进行正确配置尤为重要。在运行 STC-ISP 软件添加单片机型号操作时,应该在安装完成后进行,后期进行程序的下载到单片机操作时可省略此部分操作。

 任务2 第一个工程文件的创建

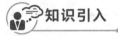 **任务描述**

使用 STC15W4K54S4 作为目标芯片,利用搭建好的 Keil C51 软件新建一个 STC 51 单片机的工程,完成程序的编译调试工作。

知识引入

关键代码分析

此处给出按键点灯的完整源代码,作为工程文件创建的源文件内容,关于程序中涉及的相关知识会在后面的项目中详细讲解。

```c
//------------------------------ 按键点灯程序设计代码 ------------------------------
#include "reg51.h"
// 单片机的头文件,Keil 安装库中默认自带,后面会使用 stc15.h 的头文件
sfr P2M1=0x95;              // 特殊功能器定义
sfr P2M0=0x96;
sfr P4=0xC0;               //1111,1111 端口 4
sbit P22=P2^2;             // 特殊功能位,I/O 口定义,对应 LED2
sbit P23=P2^3;             // 对应 LED3
sbit P46=P4^6;
 // 软件延时函数
void delay(unsigned int i)
{   unsigned int j,k;
    for(k=0;k<i;k++)
    { for(j=0;j<500;j++);
    }
}
void main()
{
    int a;
    if(P46==0)
    {
        delay(100);
        if(P46==0)
        {
```

```
            a++;
        }
    }
    if(a%2==1)
    {
        P22=1;
        P23=1;
    }
    else
    {
        P23=0;
        P22=0;
    }
}
```

本段代码将在任务实现小节中用到。

 **任务实现**

1. 新建工程

（1）打开 Keil C51 软件，选择软件窗口中的 Project → New μVision Project 命令，如图 2-11 所示。

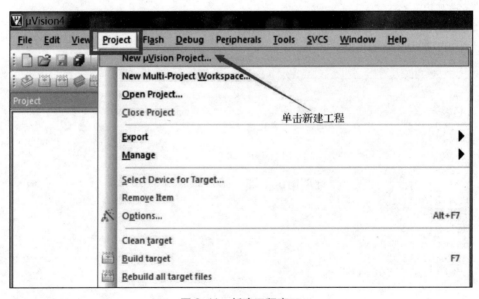

图 2-11　新建工程窗口

（2）在打开的 Create New Project 对话框中，选择一个工程路径，并在此路径下新建一个工程目录，将新工程保存在此目录中，如图 2-12 所示。

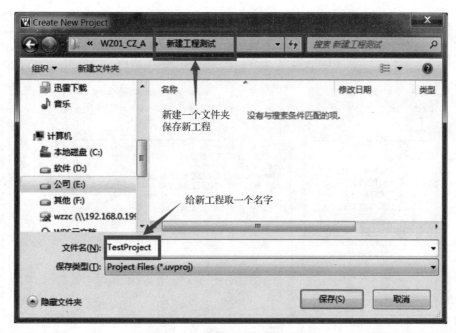

图 2-12 保存工程文件对话框

（3）单击"确定"按钮，在打开的 Select a CPU Data Base File 对话框中，选择 STC MCU Database 选项，如图 2-13 所示。

图 2-13 选择 STC MCU DataBase 选项对话框

（4）单击"确定"按钮，打开 Select Device Target 'Target1' 对话框，在左侧目标芯片型号选择列表中选择 STC15W4K56S4，对应的右侧将显示所选芯片的描述信息，如图 2-14 所示。

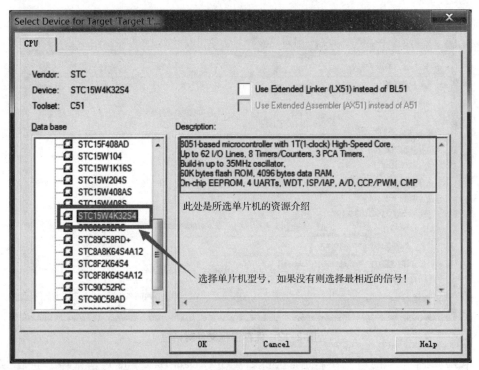

图 2-14　选择单片机型号对话框

（5）单击 OK 按钮，打开"用户选择是否添加标准 8051 单片机的启动代码"对话框，单击"否"按钮，工程新建完成。

此时，完成了 STC15W4K56S4 单片机的工程创建，用户根据需要填入自己的源文件，即可下载烧录到单片机中实现相应的功能。

2. 新建源文件

工程界面创建成功，可以通过右击工程名称选择 Add → Add Files 命令添加源文件，下面创建第一个源文件。

（1）选择 File → New 命令，在编辑区出现空白区域，单击工具栏中"保存"按钮，打开 Save As 对话框，如图 2-15 所示。

（2）在"文件名"文本框中写入保存文件的名称，注意文件扩展名为".c"，文中示例保存文件名为 text5.c。

（3）单击"保存"按钮，此时编辑区文件标题为 text5.c，如图 2-16 所示。输入本任务上述关键代码分析位置的代码并保存。

右击工程区树形目录中的 Source Group1，选择 Add Files to 'Source Group 1' 命令（见图 2-16），在打开的 Add File to 'Source Group 1' 对话框选中需要添加的源文件，单击 Add 按钮，如图 2-17 所示。

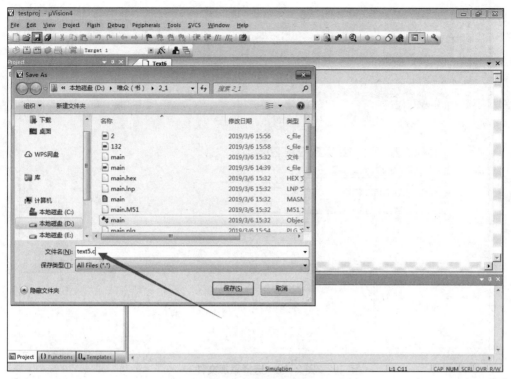

图 2-15 保存文件界面图

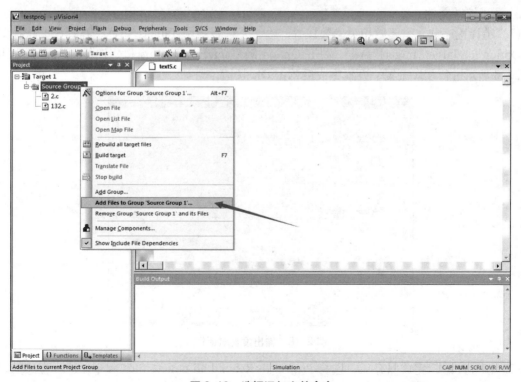

图 2-16 选择添加文件命令

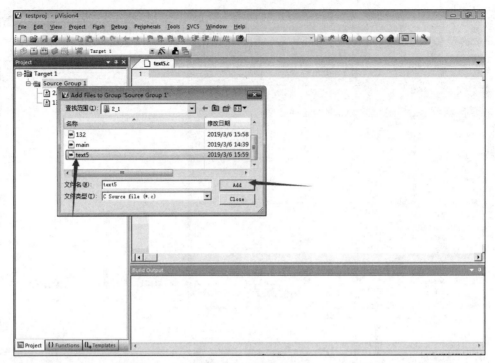

图 2-17　选择添加文件

此时 text5.c 源文件已经添加到工程目录中。

3. 调试编译文件

（1）编译程序前，需要做相关参数设置。右击工程目录中 Target1 名称，在弹出的快捷菜单中选择 Option for Target 'Target1' 命令，打开 Option for Target 'Target1' 窗口，选择 Output 选项卡，按照图 2-18 所示进行相应设置，设置完成后单击 OK 按钮。

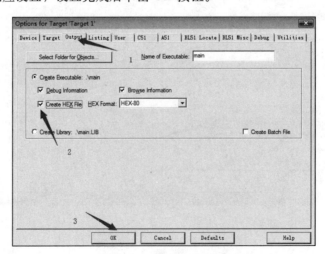

图 2-18　输出设置对话框

（2）源程序编辑完成保存后，选择 Project → Rebuild all target1 files 命令，进行程序的编译，如图 2-19 所示。

图 2-19　进行程序编译

（3）关注编译区域提示信息，如果不出现错误提示信息即表示编译成功，可以到对应目录中找到编译好的 .hex 文件，此时可以进行单片机程序的下载及测试。编译出错时，可以在调试信息窗口查看，如图 2-20 所示。

```
compiling Delay.c...
compiling OLED.c...
compiling main.c...
SRC\MAIN.C(91): error C141: syntax error near '}'
```

图 2-20　错误信息提示窗口

本行错误提示信息描述为，在 main.c 文件代码中的第 91 行，反大括号附近存在语法错误。在错误提示信息窗口中双击对应的提示行，可以跳转到程序代码出错的位置，并在对应行进行箭头标识，如图 2-21 所示。

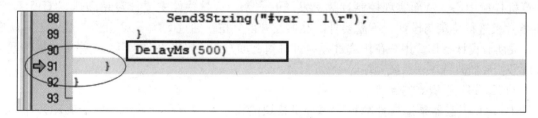

图 2-21　错误提示行

可以看到在 91 行附近有语法错误，很明显，在 90 行语句后面没有语句结束的"；"。
改正后，当错误信息为 0 时，表示程序正确，编译成功，如图 2-22 椭圆区域所示。

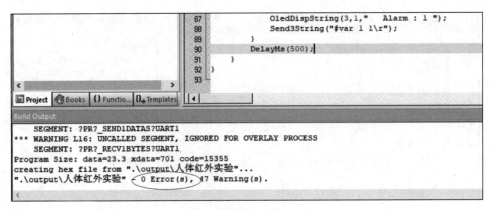

图 2-22　编译成功

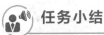 **任务小结**

本任务介绍了 Keil C51 软件中新建一个工程文件及其编译调试的方法，在学习过程中应掌握单片机开发环境的常见操作、选项设置。值得注意的是：第一，在新建工程的单片机型号的选择不容有错误；第二，在编译文件之前，一定要按照教材内容保证相关设置参数正确。

任务 3　程序的下载与烧录

 任务描述

利用 STC-ISP 软件将任务 2 中编译生成的 .hex 文件下载到单片机中，进行功能测试。

 **知识引入**

1. STC-ISP 软件简介

STC-ISP 是一款功能丰富的单片机烧录软件，也就是单片机的设计制作工具。在电子设计中，单片机的运用是非常重要的一个环节。单片机起到连接数据端口的作用，将传输数据的命令发送给计算机控制中心，从而实现控制计算机发送的命令。这款软件主要针对超高速 STC15 系列 1T 8051 单片机进行烧录与设计，不需要外部晶振及外部复位，通过 STC-ISP 自带的烧录工具就能很好地完成所有设计工作。用户在仿真过程中可得到更加方便的操作平台，可以选择单片机的型号、串行口号、最低波特率、系统频率等参数进行设置。

2. USB-TTL 下载器的连接

USB-TTL 下载器是连接计算机和单片机模块的设备，需要在计算机端安装驱动程序。通过 STC-ISP 软件，可以把计算机上编译好的工程文件下载到单片机中，实现相应的功能。连接方式及对应引脚如图 2-23 所示，在连接过程中，应注意底板上的标识。

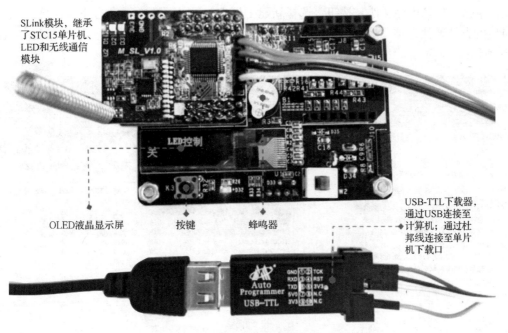

SLink模块，继承了STC15单片机、LED和无线通信模块

OLED液晶显示屏　　　　按键　　　蜂鸣器

USB-TTL下载器，通过USB连接至计算机；通过杜邦线连接至单片机下载口

图 2-23　USB-TTL 下载器连接方式

 **任务实现**

（1）按照前面介绍的方法将 USB-TTL 下载器插上计算机（需要安装驱动），另一端接入单片机对应引脚，运行 stc-isp-15xx-v6.86C.exe 软件。

（2）在 STC-ISP 软件中第二个下拉列表框中，选择对应的 COM 口，COM 口号可在"计算机管理→设备管理器→端口"中查看，如图 2-24 所示。

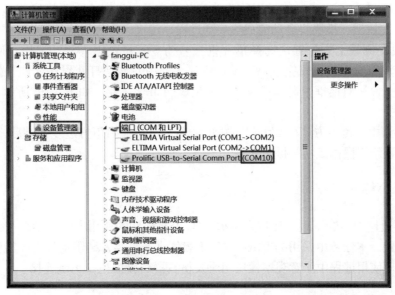

图 2-24　选择 COM 口

（3）单击"打开程序文件"按钮，选择新建工程文件目录，选中生成的 .hex 文件。

（4）检查"硬件选项"选项卡中的设置，是否与截图中的一致，单击"下载/编程"按钮，如图 2-25 所示。

图 2-25　检查硬件设置

注：使用普通的 USB 转 TTL 模块给 STC 单片机下载程序，需要给模块断电，然后再上电，用来触发下载。"断电，再上电"的过程称为热启动。市面上也有不需要热启动的下载器，直接单击"下载/编程"按钮后，模块将自动完成热启动过程。建议大家使用这种模块。

在程序界面左侧最上方位置，选择单片机型号为 STC15W4K56S4，选择正确的串行口号，可以从设备管理读取数据，设置完成后，单击程序界面中左侧"打开程序文件"按钮，在弹出的"打开程序代码文件"对话框中选择任务 2 中所生成的 .hex 文件，如图 2-26 所示，单击"打开"按钮完成操作。

单击程序界面中左侧下方"下载/编程"按钮，等待程序界面右下方进度条满后，表示下载完成，烧录成功后，会显示"操作成功"提示信息。

任务小结

本任务主要通过程序的下载，让用户掌握 STC-ISP 软件的使用方法，学会根据不同芯片来进行选项参数的设置。本任务中采用的 USB-TTL 下载仿真器需要安装驱动程序才能使用，请注意教材中的操作描述，使用过程中注意观察模块引脚及仿真器引脚描述，正确连接。

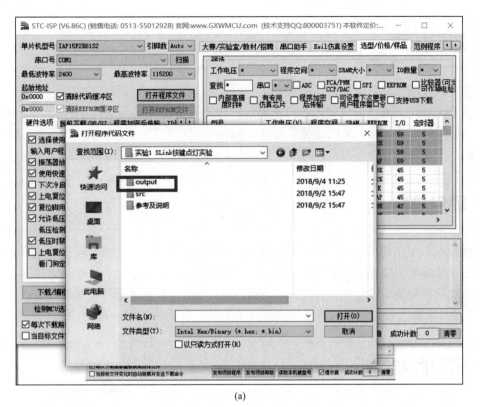

(a)

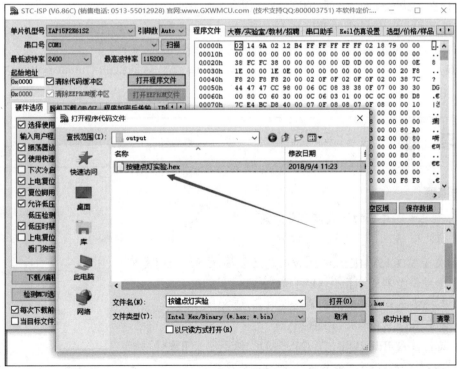

(b)

图 2-26　打开程序文件界面图

知识拓展

导入给定工程项目，完成下列问题：

（1）在 Keil C51 开发环境中导入教材资源包中指定的工程项目。

（2）分析工程目录结构，尝试了解各部分功能。

（3）分析主程序源码，写出主要功能注释。

项目总结

本项目利用一个工程的创建、编译调试到最后下载到单片机上功能实现为线索，对教材所需要的嵌入式开发环境的安装和配置进行了描述，为后期项目开发奠定了基础。值得注意的是，目前市场单片机产品种类繁多，在开发过程中注意芯片型号，采用适合的开发工具。在软件安装过程中注意路径及参数的设置。最后利用课余时间了解单片机相关知识，通过实践操作加以领会。

常见问题解析

（1）为什么 Keil C51 默认只能编译 4 KB 以下的程序？

需要选择 Keil C51 软件中的 File → License Management 命令进行注册认证。

（2）为什么项目编译后没有生成 .hex 文件或找不到？

编译前应该在 Keil C51 软件中 Option for Target 'Target1' 对话框的 Output 选项卡中进行相应设置。

习　题

一、选择题

1. 下面不属于单片机的组成部分是的是（　　　　）。

   A. 微处理器　　　　　B. 存储器　　　　　　C. I/O 接口电路　　　　D. 显示器

2. 下面关于 STC15W4K56S4 主控芯片功能描述不正确的是（　　　　）。

   A. 含增强型单周期指令 51 内核

   B. 支持多达 4 路串行口，8 路定时器/计数器

   C. 具有 60 KB Flash，4 KB RAM

   D. 支持片内 EEPROM、WDT、ADC 但不包含 PWM 功能

3. 给 Keil C51 添加 STC 单片机的型号和对应的头文件操作方法正确的是（　　　　）。

   A. 在 Keil C51 安装过程中，在软件的选项卡中添加

    B. 在 Keil C51 安装完成后，在软件的选项卡中添加

    C. 在 Keil C51 安装完成后，在软件中选择 STC-ISP 软件安装目录中的文件添加

    D. 在 Keil C51 安装完成后，在运行的 STC-ISP 软件中选择安装 Keil C51 目录添加

4. 本任务中编译完成可下载到单片机运行的文件格式为（　　　　）。

    A. .c   B. .cpp   C. .java   D. .hex

5. 关于 STC-ISP 软件操作描述正确的是（　　　　）。

    A. 在下载程序前一般不需要进行单片机型号、串行口号的设置

    B. 单片机型号是根据 STC15W4K56S4 作为主控芯片来确定的

    C. 串行口号的设置是指下载器连接计算机的端口，一般是固定不变的

    D. 以上说法都正确

二、实践题

1. 尝试安装 IAR 软件开发环境，了解其使用方法。

2. 根据样例实现按键控制 LED 灯的开启和关闭状态。

项目 3

STC15 单片机应用开发

项目引入

物联平台可提供 STC15W4K56S4 兼容 8051 内核单片机和 STM32F103 单片机软件开发，本项目在 Keil C51 开发环境中，以 STC15W4K56S4 系列单片机为研究对象，讲解 GPIO 口、定时器/计数器、外部中断、串行口通信、PWM 以及 A/D 转换等常见的功能应用。

学习目标

- 熟悉 STC15 单片机 GPIO 口特性及相关控制寄存器。
- 掌握 STC15 单片机外部中断的配置方法。
- 掌握 STC15 单片机定时器/计数器的类型及使用方法。
- 掌握 STC15 单片机串行口模块的配置与应用。
- 掌握 STC15 单片机 PWM 功能。
- 掌握 STC15 单片机 A/D 转换配置与应用。

项目描述

在 Keil C51 开发环境中，通过对 STC15W4K56S4 单片机程序开发，以节点板上 LED 灯为主要验证对象，实现的中断控制按键控制 LED 灯亮灭、定时器控制 LED 灯闪烁、计算机串行口通信方式控制 LED 灯开关、PWM 控制 LED 灯明暗及 ADC 读取电压的功能。

工作任务

- 任务 1　LED 灯的外部中断控制
- 任务 2　LED 灯闪烁效果实现
- 任务 3　用计算机控制 LED 灯
- 任务 4　LED 灯亮度控制
- 任务 5　外部信号采集

任务 1 **LED 灯的外部中断控制**

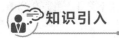 **任务描述**

在 Keil C51 的环境中对 STC15W4K56S4 单片机 GPIO 口配置，通过外部中断的方式，实现 LED 灯的亮灭控制。具体要求如下：初始状态 LED 灯熄灭，当外部中断被触发第一次时，LED 灯点亮；当外部中断被触发第二次时，LED 灯熄灭；当外部中断被触发第三次时，LED 灯点亮，重复上述状态。

知识引入

1. 单片机的 GPIO 口

STC15W4K56S4 单片机最多有 62 个 GPIO 口，GPIO 口的 4 种工作模式中，此处将 I/O 接口的工作模式通过 PnM1 和 PnM0（n=0,1,2,3…,7）设置成强推挽输出，用于控制 LED 的亮灭。每个 I/O 接口的驱动能力均可达 20 mA，但 40 引脚及以上的单片机整个芯片最大工作电流不要超过 120 mA。

2. 单片机的中断系统

（1）中断：所谓中断是指程序执行过程中，允许外部或内部事件通过硬件打断程序的执行，使其转向到处理外部或内部事件的中断服务程序中。完成中断服务程序后，CPU 返回继续执行被打断的程序。一个完整的中断过程包括 4 个步骤：中断请求、中断响应、中断服务与中断返回。

（2）中断源：引起 CPU 中断的原因或根源，称之为中断源。中断源向 CPU 提出的处理请求，称为中断请求或中断申请。

（3）中断优先级：当有几个中断源同时申请中断时，就存在 CPU 先响应哪个中断请求的问题。为此，CPU 要对各中断源确定一个优先等级，称为中断优先级。中断优先级高的中断请求优先响应。

（4）中断嵌套：中断优先级高的中断请求可以打断 CPU 正在处理的中断优先级低的中断服务程序，待完成了中断优先级高的中断服务程序之后，再继续执行被打断的中断优先级低的中断服务程序，这就是中断嵌套。

3. 寄存器的配置

GPIO 口可设置为 4 种模式：准双向口/弱上拉、强推挽/强上拉、仅为输入/高阻、开漏。STC15W4K56S4 单片机每个 GPIO 口均有外部中断输入功能，例如 GPIO 的按键连接。

（1）P11 寄存器的配置如表 3-1 所示。

表 3-1 P11 寄存器的配置

P1M1[7:0] 寄存器 P1M1 地址为 91H	P1M0[7:0] 寄存器 P1M1 地址为 92H	I/O 接口模式（P1.x 如做 A/D 使用，需先将其设置成开漏或高阻输入）
0	0	准双向口（传统 8051 I/O 模式，弱上拉），灌电流可达 20 mA，拉电流为 270 μA，由于制造误差，实际为 270～150μA
0	1	推挽输出（强上拉输出，可达 20 mA，要加限流电阻）

P1M1[7:0] 寄存器 P1M1 地址为 91H	P1M0[7:0] 寄存器 P1M1 地址为 92H	I/O 接口模式 （P1.x 如做 A/D 使用，需先将其设置成开漏或高阻输入）
1	0	高阻输入（电流既不能流入也不能流出）
1	1	开漏（Open Drain），内部上拉电阻断开。开漏模式既可读外部模式也可对外输出（高电平或低电平）。如果要正确读外部状态或需要对外输出高电平，需外加上拉电阻，否则读不到外部状态，也对外输不出高电压

注：P1 口设置 <P1.7，P1.6，P1.5，P1.4，P1.3，P1.2，P1.1，P1.0 口 > （P1 口地址：90H）

P1.7 为开漏，P1.6 为强推挽输出，P1.5 为高阻输入，P1.4/P1.3/P1.2/P1.1/P1.0 为准双向口/弱上拉。

按照表 3-1 所示寄存器的内容，将 P1 口配置成推挽输出，P1M1 寄存器第 1 位设置为 0，寄存器 P1M0 第 1 位设置为 1。所以配置如下：

```
P1M1 &= ~0x02;          // 设置 bit1 为 0
P1M0 |= 0x02;           // 设置 bit1 为 1
```

（2）中断寄存器的配置。STC15W4K56S4 单片机有 21 个中断源，分别是：外部中断 0(INT0)、定时器 0 中断、外部中断 1（INT1）、定时器 1 中断、串行口 1 中断、A/D 转换中断、低压检测（LVD）中断、CCP/PWM/PCA 中断、串行口 2 中断、SPI 中断、外部中断 2（INT2）、外部中断 3（INT3）、定时器 2 中断、外部中断 4（INT4）、串行口 3 中断、串行口 4 中断、定时器 3 中断、定时器 4 中断、比较器中断、PWM 中断及 PWM 异常检测中断。除外部中断 2（INT2）、外部中断 3（INT3）、定时器 2 中断、串行口 3 中断、串行口 4 中断、定时器 3 中断、定时器 4 中断及比较器中断确定是最低优先级中断外，其他中断均有两个中断优先级。

本任务中按键作为外部中断源 INT0 输入时，需要配置的寄存器如表 3-2 所示。

表 3-2　外部中断 0 寄存器的配置

符　　号	描　　述	地　　址	位地址及其符号 MSB	LSB	复　位　值
TCON	中断请求标志	88H	TF1 | TR1 | TF0 | TR0 | IE1 | IT1 | IE0 | IT0		0000 0000B
IE	中断允许控制	A8H	EA | ELVD | EADC | ES | ET1 | EX1 | ET0 | EX0		0000 0000B
IP	中断优先级控制	B8H	PPCA | PLVD | PADC | PS | PT1 | PX1 | PT0 | PX0		0000 0000B

本任务使用外部中断 0 位于单片机芯片 P3.2 引脚，实现对 LED 灯的控制。程序中需要对 TCON 寄存器中 IT0、IE 寄存器中总中断控制位 EA 和外部中断 0(INT0)中断允许位 EX0 进行设置。具体设置如下：

```
IT0=1 或 TCON |=0x01;        // 外部中断 0 为下降沿触发的配置
EX0=1;                      // 允许外部中断 0 中断
EA=1;                       // 使能总中断
```

IP 寄存器中 PX0 为外部中断 0 优先级控制位，本任务只用到一个中断，可不进行优先级设置。

4. 关键代码分析

```c
#include<STC15.h>
#define uchar unsigned char
#define uint unsigned int
sbit LED=P2^2;
// 主程序
void main()
{
    P2M1&=~(3<<2);                      // 设置 bit2、bit3 为 0
    P2M0|=(3<<2);                       // 设置 bit2、bit3 为 1

    LED=1;
    EA=1;                               // 总中断打开
    EX0=1;                              // 外部中断 0 打开
    IT0=1;                              // 设置外部中断触发方式为下降沿触发
    while(1);
}
//INT0 中断服务函数
void EX_INT0(void) interrupt 0
{
    LED=~LED;                           // 控制 LED 亮灭
}
```

任务实现

(1) 将无线模块插到节点底板上,注意天线朝左。

(2) 为节点底板通电。

(3) 使用 Keil 软件打开随书资源中"源代码\项目 3\任务 1\WZ01_CZ_A_V1.0.uvproj"。

(4) 在主程序 main.c 中编辑前面关键代码分析中的源码,完成后保存。

(5) 根据项目 2 任务 2 中的操作,进行编译选项的设置。

(6) 单击"编译"按钮,成功编译后,在工程目录下 output 文件夹中生成了"LED 灯外部中断控制 .hex"可执行文件。

(7) 打开 STC-ISP 软件,将 USB-TTL 下载器插上计算机(需要安装驱动程序),依据本书项目 2 中任务 3 中的操作,选择下载器端口号和刚刚生成的 .hex 文件。

(8) 查看运行结果。程序下载完毕时,当单片机 P3.2 引脚连接的外设(如示波器等)发生一次下降沿时,LED 灯点亮;当单片机 P3.2 引脚连接的外设发生第二次下降沿时,LED 灯熄灭,依此循环。

任务小结

本任务主要通过编程实现节点板按键产生外部中断来控制 LED 灯的功能,介绍了中断的基本知识及 STC15W4K56S4 单片机中断调用方法。在学习过程中要重点掌握 GPIO 口的配置及中断寄存器的设置,学习中断在程序中的书写方式。注意中断优先级中、低优先级中断可被高优先级中断所中断,反之不能,且任何一种中断(不管是高级还是低级)一旦得到响应,不能被它的同级中断所中断。

任务 2　LED 灯闪烁效果实现

 任务描述

在 STC15W4K56S4 单片机 GPIO 口配置的基础上学会单片机的可编程定时器/计数器的使用，实现 LED 灯的闪烁控制，LED 灯闪烁间隔为 0.2 s。

知识引入

1. 单片机定时方法

（1）软件定时：让 CPU 循环执行一段程序，通过选择指令和安排循环次数以实现软件定时。软件定时完全占用 CPU，增加了 CPU 开销，降低了 CPU 工作效率，因此软件的定时时间不宜过长，仅适用于 CPU 较空闲的程序中使用。

（2）硬件定时：其特点是定时功能全部由硬件电路（例如，采用 555 时基电路）完成，不占用 CPU 时间，但需要改变电路的参数调节定时时间，在使用上不够方便，同时会增加硬件成本。

（3）可编程定时器定时：可编程定时器的定时值及定时范围很容易通过软件来确定和修改。任务实现中所应用到的 STC15W4k56S4 单片机内部有 5 个 16 位的定时器/计数器（T0、T1、T2、T3、T4），通过对系统时钟或外部输入信号进行计数控制，可以方便地用于定时控制，或用于分频器分频和事件记录。

2. 相关寄存器设置

对定时器/计时器 T0 和 T1，用它们在特殊功能寄存器 TMOD 中对应的控制位 C/T 来选择 T0 或者 T1 为定时器还是计数器；对于定时器/计时器 T2，用特殊功能寄存器 AUXR 中的控制位 T2_C/T 来选择 T2 为定时器还是计数器；对于定时器/计时器 T3，用特殊功能寄存器 T4T3M 中控制位 T3_C/T 来选择 T3 为定时器还是计数器；对于定时器/计时器 T4，用特殊功能寄存器 T4T3M 中控制位 T4_C/T 来选择 T3 为定时器还是计数器。

定时器/计数器的核心部件是一个加法计数器，其本质是对脉冲进行计数，只是计数脉冲来源不同。如果计数脉冲来自系统时钟，则为定时方式，此时定时器/计数器每 12 个时钟或者每 1 个时钟得到一个计数脉冲，计数值加 1。定时器/计数器的核心部件是一个加法计数器，其本质是对脉冲进行计数，只是计数脉冲来源不同：如果计数脉冲来自系统时钟，则为定时方式，此时定时器/计数器每 12 个时钟或者每 1 个时钟得到一个计数脉冲，计数值加 1；如果计数脉冲来自单片机外部引脚（T0 为 P3.4，T1 为 P3.5，T2 为 P3.1，T3 为 P0.7，T4 为 P0.5），则为计数方式，每来一个脉冲加 1。定时器/计数器相关寄存器如表 3-3 所示。

表 3-3　定时器/计数器相关寄存器

符　号	描　　述	地址	位地址及其符号		复　位　值
			MSB	LSB	
TCON	定时器控制寄存器	88H	EA | ELVD | EADC | ES | ET1 | EX1 | ET0 | EX0		0000 0000B

续表

符　号	描　述	地址	位地址及其符号		复　位　值
			MSB	LSB	
TMOD	工作方式寄存器	89H	GATE | C/T̄ | M1 | M0 | GATE | C/T̄ | M1 | M0		0000 0000B
TL0	定时器 0 低位	8AH			0000 0000B
TL1	定时器 1 低位	8BH			0000 0000B
TH0	定时器 0 高位	8CH			0000 0000B
TH1	定时器 1 高位	8DH			0000 0000B
IE	中断允许控制	A8H	EA | ELVD | EADC | ES | ET1 | EX1 | ET0 | EX0		0000 0000B
IP	中断优先级控制	B8H	PPCA | PLVD | PADC | PS | PT1 | PX1 | PT0 | PX0		0000 0000B
T2H	定时器 2 高 8 位寄存器	D6H			0000 0000B
T2L	定时器 2 低 8 位寄存器	D7H			0000 0000B
AUXR	辅助寄存器	8EH	T0x12|T1x12|UART_M0x6|T2R|T2_C/T̄|T2x12|EXTRAM|S1ST2		0000 0001B
INT_CLKO AUXR2	外部中断允许和时钟输出寄存器	8FH	–|EX4|EX3|EX2|MCKO_S2|T2CLKO|T1CLKO|T0CLKO		x000 0000B
T4T3M	T3 和 T4 的控制寄存器	D1H	T4R|T4_C/T̄|T4x12|T4CKLO|T3R|T3_C/T̄|T3x12|T3CLKO		0000 0000B
T4H	定时器 4 高 8 位寄存器	D2H			0000 0000B
T4L	定时器 4 低 8 位寄存器	D3H			0000 0000B
T3H	定时器 3 高 8 位寄存器	D4H			0000 0000B
T3L	定时器 3 低 8 位寄存器	D5H			0000 0000B
IE2	中断使能寄存器	AFH	– | ET4 | ET3 | ES4 | ES3 | ET2 | ESPI | ES2		x000 0000B

　　本任务采用定时器 T0 实现 LED 灯的控制，T0 的工作方式和控制由 TMOD、TCON 和 AUXR 三个特殊功能寄存器进行管理，寄存器的配置如表 3-4 所示。

表 3-4　定时器 T0 寄存器的配置

符　号	描　述	地　址	位地址及其符号		复　位　值
			MSB	LSB	
TMOD	工作方式寄存器	89H	GATE | C/T̄ | M1 | M0 | GATE | C/T̄ | M1 | M0		0000 0000B
TCON	定时器控制寄存器	88H	EA | ELVD | EADC | ES | ET1 | EX1 | ET0 | EX0		0000 0000B
AUXR	辅助寄存器	8EH	T0x12|T1x12|UART_M0x6|T2R|T2_C/T̄|T2x12 |EXTRAM|S1ST2		0000 0001B

TMOD 寄存器中低 4 位为 T0 的方式字段，高 4 位为 T1 的方式字段，含义完全相同，M1 和 M0 为 T0、T1 工作方式选择位，C/T̄ 为定时/计数的功能选择位，一般情况下 GATE 为 0，这样定时器/计数器 0 运行控制仅由 TR0 状态确定。定时器 M0 和 M1 的工作方式如表 3-5 所示。

表 3-5　定时器 M0 和 M1 的工作方式

M1 M0	工 作 方 式	功 能 说 明
0　　0	方式 0	自动重装初始值的 16 位定时器/计数器（推荐）
0　　1	方式 1	16 位定时器/计数器
1　　0	方式 2	自动重装初始值的 8 位定时/计数器
1　　1	方式 3	定时器 0：分成两个 8 位定时器/计数器；定时器 1：停止计数

TCON 寄存器中 TR0 为定时器/计数器 0 运行控制位，置 1 时启动定时器/计数器 0；TF0 为定时器/计数器 0 溢出标志位，在中断允许时，向 CPU 发出中断请求，中断响应后，由硬件自动清除 TF0 标志，也可通过查询 TF0 标志，来判断溢出时刻，查询结束后，软件清除 TF0 的标志。

AUXR 寄存器中 T0x12 用于设置定时器/计数器 0 定时计数脉冲的分频系数，当 T0x12 为 0 时，与传统 8051 单片机计数脉冲一样，计数脉冲为系统时钟周期的 12 倍，即 12 分频，T0x12 为 1 时，计数脉冲等于时钟周期，即无分频。

本任务中定时器/计数器 0 工作于工作方式 0，即自动重装初始值的 16 位定时器/计数器。定时器/计数器 0 有两个隐含的寄存器 RL_TH0、RL_TL0，用于保存 16 位定时/计数的重装初始值，当 TH0 和 TL0 构成的 16 位计数器溢出时，RL_TH0、RL_TL0 的值自动装入 TH0、TL0 中，RL_TH0 和 TH0 共用同一个地址，RL_TL0 和 TL0 共用同一个地址。

当定时器/计数器 T0 工作于定时方式 0 时，定时时间的计算公式如下：

$$定时时间 = (2^{16} - T0\ 定时器的初值) \times 系统的时钟周期 \times 12^{(1-T0x12)}$$

3. 关键代码分析

```c
// 功能：实现 LED 灯时间间隔 0.2 s 闪烁，每 1 ms 进一次中断
#include <STC15.h>
#include <intrins.h>
#define uchar unsigned char
#define uint  unsigned int

#define FOSC   11059200              // 时钟 11.0592 MHz
#define T1MS   (65536-FOSC/12/1000)  //12T 模式，1 ms 进一次中断
// 进一次中断的初值
sbit   LED= P2^2;                    // 定义 LED 的引脚位置
uint count=0;                        // 定义全局变量，不用赋值，默认为 0

void Delay500ms()                    // 晶振 11.0592MHz  延迟 0.5 s
{
    unsigned char i, j, k;

    _nop_();
    _nop_();
    i=22;
    j=3;
```

```
        k=227;
        do
        {
            do
            {
                while(--k);
            } while(--j);
        } while(--i);
}

void init()
{
    AUXR &=0x7F;                    // 定时器时钟 12T 模式
    TMOD &=0xF0;                    // 设置定时器模式
    TL0=T1MS;                       // 设置定时初值
    TH0=T1MS>>8;                    // 设置定时初值
    TF0=0;                          // 清除 TF0 标志
    TR0=1;                          // 使定时器 0 工作
    ET0=1;                          // 开启定时器 0 中断开关
    EA=1;                           // 开启中断总开关

}
void main ()
{
    init();
    P2M1 &=~(3<<2);
    P2M0 |=(3<<2);
    while (1);
}
Void LED0( ) interrupt 1          // 定时器 0 中断服务程序
{
    count++;
    if(count==200)
    {
        LED=!LED;                  // 每进入一次中断程序, count 加 1
        count=0;
    }

}
```

任务实现

（1）将无线模块插到节点底板上，注意天线朝左。

（2）为节点底板通电。

（3）使用 Keil 软件打开随书资源中"源代码 \ 项目 3\ 任务 2\WZ01_CZ_A_V1.0.uvproj"。

（4）在主程序 main.c 中编辑前面关键代码分析中的源码，完成后保存。

（5）根据项目 2 任务 2 中的操作，进行编译选项的设置。

（6）单击"编译"按钮，成功编译后，在工程目录下 output 文件夹中生成了"LED 灯闪烁效果 .hex"可执行文件。

（7）打开 STC-ISP 软件，将 USB-TTL 下载器插上计算机（需要安装驱动程序），依据本书项目 2 中任务 3 中的操作，选择下载器端口号和刚刚生成的 .hex 文件。

（8）查看运行结果。程序下载完毕时，无线模块上的 LED 灯交替闪烁，闪烁周期为 0.2 s。

 **任务小结**

本任务主要利用可编程定时器来控制节点板上 LED 灯的闪烁，主要介绍了单片机定时器的基本知识及其相关寄存器的功能描述，在学习过程中重点掌握定时器 / 寄存器的设置及程序中的书写方式，理解关键代码分析中 void init() 中断初始化中的代码功能。注意程序示例代码中的晶振频率要根据产品说明参数来设置，本任务中采用的频率是 11.059 2 MHz。

任务 3　用计算机控制 LED 灯

 任务描述

使用计算机的串行口助手向实验板发送控制符，实验板上的 LED 灯根据控制字符进行点亮、熄灭、闪烁 3 种状态的转换，具体实现过程为：串行口助手向实验板发送"01"时，LED 灯亮；发送"00"时，LED 灯灭。

知识引入

STC15W4K56S4 单片机内部共有 4 路全双工串行通信接口，串行通信是指将数据字节分成一位一位的形式在一条传输线上逐个传输。特点是：传输速度慢，但传输线少，适用于长距离传输，RS-232 是应用最多的一种异步串行通信总线标准。

（1）STC15W4K56S4 单片机具有 4 个采用 UART 工作方式的全双工异步串行通信接口（串行口 1、串行口 2、串行口 3 和串行口 4）。

（2）STC15W4K56S4 单片机的串行口 1 有 4 种工作方式，其中两种方式的波特率是可变的，另两种是固定的，以供不同应用场合选用。串行口 2/串行口 3/串行口 4 都只有两种工作方式，这两种方式的波特率都是可变的。用户可用软件设置不同的波特率和选择不同的工作方式。主机可通过查询或中断方式对接收/发送进行程序处理，使用十分灵活。

STC15W4K56S4 单片机的串行通信口，除用于数据通信外，还可方便地构成一个或多个并行I/O 口，或进行串/并转换，或用于扩展串行外设等。

1. 串行通信分类

（1）同步通信。同步通信是一种连续串行传送数据的通信方式，一次通信传输一组数据。同步通信需要建立发送方时钟对接收方时钟的直接控制，使双方达到完全同步。同步通信的数据传输速率通常可达 56 000 bit/s 或更高，缺点是要求发送时钟与接收时钟必须严格保持同步，硬件相对较复杂。

（2）异步通信。在异步通信中，数据通常以数据（或字节）为单位组成字符帧进行传输。发送端与接收端可以由各自的时钟来控制数据的发送与接收，且两个时钟彼此独立，互不干扰，但要求传输速速率一致。但由于传输间隔任意，每个字符都要用一些数位来进行分隔，如起始位和停止位等。

2. 相关寄存器设置

每个 STC15W4K56S4 单片机串行口的数据缓冲器由 2 个互相独立的接收、发送缓冲器构成，可以同时发送和接收数据。发送缓冲器只能写入而不能读出，接收缓冲器只能读出而不能写入，因而两个缓冲器可以共用一个地址码。串行口 1 的两个缓冲器共用的地址码是 99H；串行口 2 的两个缓冲器共用的地址码是 9BH；串行口 3 的两个缓冲器共用的地址码是 ADH；串行口 4 的两个缓冲器共用的地址码是 85H。串行口 1 的两个缓冲器统称串行通信特殊功能寄存器 SBUF；串行口 2 的两个缓冲器统称串行通信特殊功能寄存器 S2BUF；串行口 3 的两个缓冲器统称串行通信特殊功能寄存器 S3BUF；串行口 4 的两个缓冲器统称串行通信特殊功能寄存器 S4BUF。

本任务中采用串行口 1 实现对 LED 灯的控制，与串行口 1 有关的特殊功能寄存器有：单片机串行口 1 的控制寄存器、与波特率设置有关的定时器/计数器（T1/T2）的相关寄存器，与中断控制相关的寄存器，具体如表 3-6 所示。

表 3-6　与单片机串行口 1 有关的特殊功能寄存器

符　号	描　述	地　址	位地址及其符号		复　位　值
			MSB	LSB	
SCON	串行口 1 控制寄存器	98H	SM0/FE|SM1|SM2|REN|TB8|RB8|TI|RI		0000 0000H
SBUF	串行口 1 数据缓冲器	99H	串行口 1 数据缓冲器		xxxx xxxxH
PCON	电源与波特率选择	87H	SMOD|SMOD0|LVDF|POF|GF1|GF0|FD|IDL		0011 0000H
AUXR	辅助寄存器	8EH	T0x12|T1x12|UART_M0x6|T2R|T2_C/T|T2x12|EXTRAM|S1ST2		0000 0001H
TL1	定时器 T1 初值低 8 位	8AH	T1 的低 8 位		0000 0000H
TH1	定时器 T1 初值高 8 位	8BH	T1 的高 8 位		0000 0000H
T2L	定时器 T2 初值低 8 位	D7H	T2 的低 8 位		0000 0000H
T2H	定时器 T2 初值高 8 位	D6H	T2 的高 8 位		0000 0000H
TMOD	定时器工作方式寄存器	89H	GATE | C/T | M1 | M0 | GATE | C/T | M1 | M0		0000 0000H
TCON	定时器控制寄存器	88H	EA | ELVD | EADC | ES | ET1 | EX1 | ET0 | EX0		0000 0000H
IE	中断允许控制	A8H	EA | ELVD | EADC | ES | ET1 | EX1 | ET0 | EX0		0000 0000H
IP	中断优先级控制	B8H	PPCA | PLVD | PADC | PS | PT1 | PX1 | PT0 | PX0		0000 0000H
P_SW1 (AUXR1)	串行口 1 切换控制寄存器	A2H	S1_S1|S1_S0|CCP_S1|CCP_S0|SPI_S1|SPI_S0|0|DPS		0000 0000H

串行口 1 控制寄存器 SCON 用于设置串行口 1 的工作方式，允许接收控制以及设置状态标志，REN 位为允许串行口接收控制位。TI 为发送中断标志位，RI 为接收中断标志位，发送或者接收完成之后，由硬件置位，可用查询方法也可用中断方法进行相应中断，然后在相应的查询服务程序或中断服务程序中，由软件清除 TI 或 RI。串行口方式选择如表 3-7 所示，其中 f_SYS 为系统时钟频率。

```
REN=1 或 SCON |=0x10;                    // 启动串行口 1 接收
```

表 3-7 串行方式选择位

SM0 SM1		工作方式	功能	波特率
0	0	方式 0	8 位同步移位寄存器	$f_{SYS}/12$ 或 $f_{SYS}/2$
0	1	方式 1	10 位 URAT	可变，取决于 T1 或 T2 溢出率
1	0	方式 2	11 位 UART	$f_{SYS}/64$ 或 $f_{SYS}/32$
1	1	方式 3	11 位 UART	可变，取决于 T1 或 T2 溢出率

寄存器 SCON 中的 SM2 为多机通信控制位，用于方式 2 和方式 3 中，TB8 和 RB8 分别为发送数据第 9 位和接收数据第 9 位。

电源与波特率选择寄存器 PCON 中，SMOD 位为波特率倍增系数选择位，在串行口工作方式 1、2、3 中。串行口波特率与 SMOD 有关，当 SMOD=0 时，通信速度为基本波特率；当 SMOD=1 时，通信速度为基本波特率的两倍。SMOD0 位为帧错误检测有效控制位，当 SMOD0=1 时，SCON 寄存器中 SM0/FE 用于帧错误检测（FE）；当 SMOD0=0 时，SCON 寄存器中 SM0/FE 用于 SM0 功能，与 SM1 一起制定串行口 1 工作方式。

辅助寄存器 AUXR 中，当 UART_M0x6=0 时，串行口 1 的通信速度与传统 8051 单片机一致，波特率为系统时钟频率的 12 分频，即 $f_{SYS}/12$，当 UART_M0x6=1 时，串行口 1 的通信速度是传统 8051 单片的 6 倍，波特率为系统时钟频率的 2 分频，即 $f_{SYS}/2$；S1ST2 位为当串行口 1 的工作方式为 1、3 时，S1ST2 为串行口 1 波特率发生器选择控制位。当 S1ST2=0 时，选择定时器 1 为波特率发生器；当 S1ST2=1 时，选择定时器 2 为波特率发生器。

串行口 1 工作方式 0 中，波特率为 $f_{SYS}/12$（UART_M0x6=0）或者 $f_{SYS}/2$（UART_M0x6=1）。

串行口 1 工作方式 2 中，波特率取决于 PCON 中 SMOD 的值，SMOD=1 时，波特率为 $f_{SYS}/32$；SMOD=0 时，波特率为 $f_{SYS}/64$。

$$波特率 = \frac{2^{SMOD}}{64} \cdot f_{SYS}$$

在方式 1 和方式 3 下，波特率由定时器 T1 或定时器 T2 的溢出率决定。方式 1 和方式 3 的波特率为：

$$波特率 = \frac{2^{SMOD}}{64} \cdot T1 溢出率$$

当定时器 1 工作于方式 0(16 位自动重装载模式) 且 AUXR.6/T1x12=0 时，定时器 1 的溢出率 = SYSclk/12(65536-[RLTH1，RLTL1])；当定时器 1 工作于方式 0(16 位自动重装载模式) 且 AUXR.6T1x12=1 时，定时器 1 的溢出率 = SYSclk/65536-[RLTH1，RLTL1]；当定时器 1 工作于方式 2(8 位自动重装模式) 且 T1x12=0 时，定时器 1 的溢出率 = SYSclk/12/(256-TH1)；当定时器 1 工作于方式 2(8 位自动重装模式) 且 T1x12=1 时，定时器 1 的溢出率 = SYSclk/(256-TH1)。

当 AUXR2/T2x12=0 时，定时器 T2 的溢出率 = SYSclk/12/(65536-[RLTH2，RLTL2])。

当 AUXR/2T2x12=1 时，定时器 T2 的溢出率 = SYSclk/(65536-[RLTH2，RLTL2])。

本任务中，使用串行口 1 进行 LED 等控制，串行口工作为方式 1，实验板中时钟频率 f_{osc}=11.059 2 MHz，串行口波特率设置为 9 600。

3. 关键代码分析

```
#include <STC15.h>              // 引用头文件
```

```c
#define uchar unsigned char      // 定义 unsigned int 为 uint
#define uint unsigned int        // 定义 unsigned uchar 为 uchar

uchar rec_data;                  // 定义一个字符型变量用于存放接收到的数据
bit rec_flag;                    // 定义一个位变量（接收到数据记标志）
sbit LED=P2^2;                   // 接收指示灯
//========== 串行口中断服务函数 =============

void UartInit(void)              //9600bps@11.0592MHz
{
    PCON&=0x7F;                  // 波特率不倍速
    SCON=0x50;                   // 8 位数据，可变波特率
    AUXR&=0xBF;                  // 定时器 1 时钟为 f_osc/12，即 12T
    AUXR&=0xFE;                  // 串行口 1 选择定时器 1 为波特率发生器
    TMOD&=0x0F;                  // 清除定时器 1 模式位
    TMOD|=0x20;                  // 设置定时器 1 为 8 位自动重装方式
    TL1=0xFD;                    // 设置定时初值
    TH1=0xFD;                    // 设置定时器重装值
    ET1=0;                       // 禁止定时器 1 中断
    TR1=1;                       // 启动定时器 1
}


void serial_int() interrupt 4
{
    if(RI)                       // 判断是否为接收中断
    {
        RI=0;                    // 接收中断标志清 0
        rec_data=SBUF;           // 保存数据
        rec_flag=1;              // 接收标志置 1
    }
}
//--------------------------------- 主函数 -----------------------------
void main()
{
    UartInit();                  // 串行口初始化

    ES=1;                        // 允许串行口中断
    EA=1;                        // 开启所有中断

    P2M1&=~(3<<2);               //I/O 口设置
    P2M0|=(3<<2);

    rec_flag=0;                  // 接收标志位初始化

    while(1)                     // 主循环
    {
        if(rec_flag==1)          // 判断是否接收到数据
        {
            rec_flag=0;          // 接收标志清 0
            if(rec_data==0x01)  LED=0;        // 当收到 0x01 数据时，点亮 LED
            else    LED=1;
        }
    }
}
```

任务实现

（1）将无线模块插到节点底板上，注意天线朝左。

（2）为节点底板通电。

（3）使用 Keil 软件打开随书资源中"源代码\项目3\任务3\WZ01_CZ_A_V1.0.uvproj"。

（4）在主程序 main.c 中编辑前面关键代码分析中的源码，完成后保存。

（5）依据本教材项目 2 中任务 2 的操作，进行编译选项的设置。

（6）单击"编译"按钮，成功编译后，在工程目录下 output 文件夹中生成了"计算机控制 LED 灯实验 .hex"可执行文件。

（7）打开 STC-ISP 软件，将 USB-TTL 下载器插上计算机（需要安装驱动程度），依据本书项目 2 中任务 3 中的操作，选择下载器端口号和刚刚生成的 .hex 文件。

（8）查看运行结果。程序下载完毕时，打开"串口助手"（见图 3-1），串行口根据自己计算机上的串行口进行调整，波特率设为 9 600 bit/s，单击打开串行口。

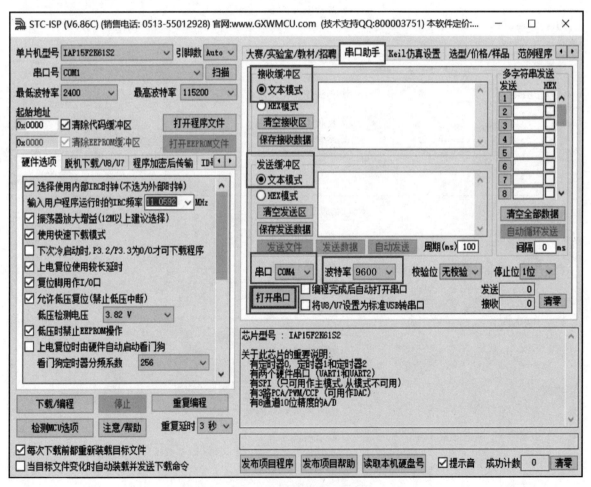

图 3-1 "串口助手"界面

上电初始状态 LED 灯熄灭，在"发送缓冲区"窗口中输入 01，单击发送数据，无线模块上的 LED 灯点亮；在"发送缓冲区"窗口中输入 00，单击发送数据，无线模块上的 LED 灯熄灭。

 **任务小结**

本任务主要是利用计算机串行口通信来控制节点板上 LED 灯状态，主要讲述了单片机串行口的基本知识及其相关寄存器的功能描述，介绍了 STC-ISP 软件中串行口助手的使用方法，在学习过程中重点掌握串行口寄存器的设置及程序中的书写方式。理解关键代码分析中 void UartInit(void) 串行口初始化的代码功能，可以与前面任务中相关寄存器初始化代码对比，加深理解。

任务 4　LED 灯亮度控制

任务描述

利用单片机定时器实现 PWM 功能，从而控制驱动 LED 灯，LED1 亮度从最亮到变暗，变暗后再逐渐变亮，达到最亮时再逐渐变暗。

知识引入

1. PWM 原理

脉冲宽度调制（Pulse Width Modulation，PWM）是一种模拟控制方脉冲宽度调制，利用微处理器的数字输出来对模拟电路进行控制的一种非常有效的技术，广泛应用在从测量、通信到功率控制与变换的许多领域中。PWM 就是脉冲宽度调制，也就是占空比可变的脉冲波形。

PWM 有几个重要的概念：占空比（Pules Width）、周期（Period）、脉宽时间，如图 3-2 所示。

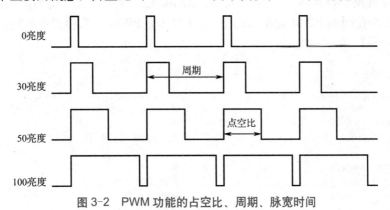

图 3-2　PWM 功能的占空比、周期、脉宽时间

PWM 的常见应用包括 LED 调光、电动机调速等。

STC15W4K56S4 单片机内部共有 6 路 PWM 模块，每路结构都一样，都包含 2 个设置 I/O 引脚翻转时刻的 15 位寄存器 PWMnT1 和 PWMnT2。当内部计数器的值与某个翻转寄存器的值相等时，就对对应的输出 I/O 引脚取反，从而对 PWM 波形占空比进行控制。

单片机内部 6 通道 PWM 波形发生器为每路 PWM 设计了两个用于控制波形翻转的计数器 T1 和 T2，可以非常灵活地控制 PWM 输出波形的占空比及频率。

2. 相关寄存器设置

本任务中 STC15 单片机 PWM 模块寄存器配置如表 3-8 所示。

表 3-8　PWM 模块寄存器配置

符　号	描　述	地　址	位地址及其符号		复　位　值
			MSB	LSB	
P_SW2	端口配置寄存器	BAH	EAXSFR| 0 | 0| 0|- |S4_S|S3_S|S2_S|		0000 0000H
PWMCFG	PWM 配置寄存器	F1H	-|CBTADC|C7INI|C6INI|C5INI|C4INI|C3INI|C2INI|		0000 0000H
PWMCR	PWM 控制寄存器	F5H	ENPWM|ECBI|ENC7O|ENC6O|ENC5O|ENC4O|ENC3O|ENC2O|		0000 0000H
PWMIF	中断标志寄存器	F6H	-|CBIF|C7IF|C6IF|C5IF|C4IF|C3IF|C2IF|		0000 0000H
PWMFDCR	外部异常控制寄存器	F7H	-|-|ENFD|FLTFLIO|EFDI|FDCMP|FDIO|FDIF		0000 0000H
PWMCH	PWM 计数器高字节	FFF0H	-|PWMCH (14:8)		0000 0000H
PWMCL	PWM 计数器低字节	FFF1H	PWMCL (7:0)		0000 0000H
PWMCKS	时钟选择寄存器	FFF2H	- |- |- | SELT2 | PS[3:0]		0000 0000H

PWM 配置寄存器 PWMCFG 中，CBTADC 为 PWM 计数器归零时（CBIF=1 时）触发 ADC 转换，CBTADC=0 时，PWM 计数器归零时不触发 ADC 转换；CBTADC=1 时，PWM 计数器归零时触发 ADC 转换。

PWM 控制寄存器 PWMCR 中，ECBI 位为 PWM 计数器归零中断使能位，ENCnO 为 PWM 输出使能位。

PWM 中断标志寄存器 PWMIF 中，CBIF 位为 PWM 计数器归零中断标志位，CnIF 为第 n 通道的 PWM 中断标志位。

PWM 外部异常控制寄存器 PWMFDCR 中，ENFD 位为 PWM 外部检测功能控制位，LTFLIO 为发生 PWM 外部异常时对 PWM 输出口控制位，EFDI 为 PWM 异常检测中断使能位。

3. 关键代码分析

```
#include <STC15.h>              // 引用头文件
#define uchar unsigned char     // 定义 unsigned int 为 uint
#define uint unsigned int       // 定义 unsigned uchar 为 uchar

sbit  LED=P2^2;                 // 定义 LED 的引脚位置

uchar   PWM_COUNT;              // 计数
uint    HUXI_COUNT;             // 占空比更新时间
uchar   PWM_VLAUE;              // 占空比比对值
bit     direc_flag;             // 占空比更新方向

void timer0_init()
{
    TMOD=0x02;                  // 模式设置，00010000，定时器 0，工作于方式 2（M1=1，M0=0）
                                // 自动重装初始值的 8 位定时器/计数器
```

```
        TH0=0x47;                           // 定时器溢出值设置，每隔200 μs发起一次中断
        TL0=0X47;
        TR0=1;                              // 定时器0开始计时
        ET0=1;                              // 开定时器0中断
        EA=1;                               // 开总中断
        PWM_COUNT=0;
}
void time0() interrupt 1
{
        PWM_COUNT++;                        // 计数
        HUXI_COUNT++;                       // 占空比更新时间
        if(PWM_COUNT==PWM_VLAUE)            // 判断是否到了点亮LED的时候
          LED=0;                            // 点亮LED
        if(PWM_COUNT==10)                   // 当前周期结束
        {
            LED=1;                          // 熄灭LED
            PWM_COUNT=0;                     // 重新计时
        }
        if((HUXI_COUNT==600)&&(direc_flag==0)) // 占空比增加10%
        {
            HUXI_COUNT=0;
            PWM_VLAUE++;
            if(PWM_VLAUE==9)                // 占空比更改方向
            direc_flag=1;
        }
        if((HUXI_COUNT==600) && (direc_flag==1))        // 占空比减少10%
        {                                                // HUXI_COUNT=0;
            PWM_VLAUE--;
            if(PWM_VLAUE==1)                // 占空比更改方向
            direc_flag=0;
        }
}
void main()
{
        HUXI_COUNT=0;
        PWM_COUNT=0;
        PWM_VLAUE=5;
        direc_flag=0;
        LED=1;                              // 默认LED熄灭
        timer0_init();                      // 定时器0初始化
        while(1);
}
```

📎 任务实现

（1）将无线模块插到节点底板上，注意天线朝左。

（2）为节点底板通电。

（3）使用 Keil 软件打开随书资源中"源代码\项目3\任务4\WZ01_CZ_A_V1.0.uvproj"。

（4）在主程序 main.c 中编辑前面关键代码分析中的源码，完成后保存。

（5）依据本教材项目2中任务2的操作，进行编译选项的设置。

（6）单击"编译"按钮，成功编译后，在工程目录下 output 文件夹中生成了"LED 灯亮度控制实验 .hex"可执行文件。

（7）打开 STC-ISP 软件，将 USB-TTL 下载器插上计算机（需要安装驱动），依据本书项目 2 中任务 3 中的操作，选择下载器端口号和刚刚生成的 .hex 文件。

（8）查看运行结果。实验板通电后，LED1 亮度从亮到暗，亮度变暗后再逐渐变亮，达到最亮时再逐渐变暗，依此循环。

 **任务小结**

本任务主要利用 STC15W4K56S4 单片机 PWM 功能控制节点板上 LED 灯的明暗状态，主要讲述了 PWM 的基本知识及其相关寄存器的功能描述，在学习过程中重点掌握 PWM 寄存器的设置及程序中的书写方式。理解关键代码分析中 void timer0_init() 定时器初始化及 void time0() interrupt 1 中断中的代码功能，可以与前面任务中相关寄存器初始化代码对比，加深理解。注意通过设置定时器 0 的工作方式改变控制 LED 灯信号的占空比比值及方向，从而实现 LED 灯的亮灭控制。

任务 5　外部信号采集

任务描述

通过对 STC15W4K56S4 单片机中 8 通道 10 位高速电压输入型模/数转换器（ADC）进行配置，用于温度、电池电压、距离、频谱等的检测和按键扫描。本任务实现实验板测定芯片外部光敏传感器的电压值，并通过串行口发送电压值。

具体步骤：实验板上电后，初始化串行口 1 和 ADC；开启 ADC 通道 0，对直流电压值进行采集；串行口助手接收测量电压值（例如"2.7 V"）重复上述步骤。

知识引入

1. ADC 转换原理

STC15 系列单片机 ADC 由多路选择开关、比较器、逐次比较寄存器、10 位 DAC、转换结果寄存器（ADC RES 和 ADC RESL）以及 ADC CONTR 构成。

STC15W4K56S4 系列单片机 ADC 是逐次比较型模数转换器，由一个比较器和 D/A 转换器构成，通过逐次比较逻辑，从高位（MSB）开始，顺序地对每一输入电压模拟量与内置 D/A 转换器输出进行比较，最终将转换结果保存在 ADC 转换结果寄存器中。基本原理：采用逐次比较的方式，即给定一个参考电压，这个电压在内部会被分成很多段（10 位就是 1 024 段，8 位就是 256 段），将每次采集到的模拟信号的电压通过逐次比较寄存器与内部的电压段进行比较，当比较大小接近或者相等时，即将当次采样的电压值转换成了数字量。

2. 单片机内部 A/D 转换使用方法

将参考电平按最大的转换值量化，再利用输入模拟电平与参考电平的比例来求得输入电平的

测量值 $[V_测=V_参 \times$（A/D 量化值 $\div$ A/D 转换的最大值）]。值得注意的一点就是 A/D 转换的输入电平必须比参考电平低或相等，不然测试的结果就会有很大的偏差。

3. 相关寄存器设置

STC15W4K56S4 单片机的 A/D 转换口在 P1 口（P1.7 ～ P1.0），有 8 路 10 位高速 A/D 转换器，速度可达到 300 kHz（30 万次 / 秒）。8 路电压输入型 A/D，可做温度检测、电池电压检测、按键扫描、频谱检测等。上电复位后 P1 口为弱上拉型 I/O 接口，用户可以通过软件设置将 8 路中的任何一路设置为 A/D 转换，不需要作为 A/D 使用的 P1 口可继续作为 I/O 口使用（建议只作为输入）。需要作为 A/D 使用的口需要先将 P1ASF 功能寄存器中的相应位置为 "1"，将相应的口设置为模拟功能。

本任务中 STC15W4K64S4 单片机 ADC 寄存器配置如表 3-9 所示。

表 3-9　STC15W4K64S4 单片机 ADC 寄存器配置

符　号	描　述	地　址	位地址及其符号 MSB　　　　　　　　　　　　　LSB	复 位 值
P1ASF	模拟输入通道功能控制寄存器	9DH	PI7ASF|PI6ASF|PI5ASF|PI4ASF|PI3ASF|PI2ASF|PI1ASF|PI0ASF|	0000 0000B
ADC_CONTR	ADC 控制寄存器	BCH	ADC_POWER|SPEED1|SPEED0|ADC_FLAG|ADC_START|CHS2|CHS1|CHS0	0000 0000B
ADC_RES	A/D 转换结果寄存器	BDH	A/D 转换结果寄存器	0000 0000B
ADC_RESL	A/D 转换结果寄存器	BEH	A/D 转换结果寄存器	0000 0000B
CLK_DIV (PCON2)	时钟分频寄存器	97H	SysCKO_S1|SysCKO_S0|ADRJ|Tx_Rx|SysClKS2|CLKS1|CLKS0	0000 0000B
IE	中断允许控制	A8H	EA | ELVD | EADC | ES | ET1 | EX1 | ET0 | EX0	0000 0000H
IP	中断优先级控制	B8H	PPCA | PLVD | PADC | PS | PT1 | PX1 | PT0 | PX0	0000 0000H

模拟输入通道功能控制寄存器 P1ASF 不能按位寻址，需要采用字节操作。

```
P1ASF=| 0x01;          //P1.0 作为模拟输入通道
```

ADC 控制寄存器 ADC_CONTR 中，ADC_POWER 为 ADC 电源控制位，ADC_POWER=0 时，关闭 ADC 电源；ADC_POWER=1 时，打开 ADC 电源。SPEED1、SPEED0 为 ADC 转换速度控制位，具体设置如表 3-10 所示。

表 3-10　A/D 转换速度设置

SPEED1	SPEED0	A/D 转换一次所需时间
1	1	90 个时钟周期
1	0	180 个时钟周期
0	1	360 个时钟周期
0	0	540 个时钟周期

ADC_START 为 A/D 转换启动控制位，ADC_START=1，开始转换；ADC_START=0，不转换。CHS2、CHS1、CHS0 为模拟通道选择控制位，其选择情况如表 3-11 所示。

表 3-11　模拟输入通道选择

CHS2	CHS1	CHS0	模拟输入通道选择
0	0	0	选择 ADC0（P1.0）作为 A/D 输入
0	0	1	选择 ADC1（P1.1）作为 A/D 输入
0	1	0	选择 ADC2（P1.2）作为 A/D 输入
0	1	1	选择 ADC3（P1.3）作为 A/D 输入
1	0	0	选择 ADC4（P1.4）作为 A/D 输入
1	0	1	选择 ADC5（P1.5）作为 A/D 输入
1	1	0	选择 ADC6（P1.6）作为 A/D 输入
1	1	1	选择 ADC7（P1.7）作为 A/D 输入

特殊功能寄存器 ADC_RES、ADC_RESL 用于保存 A/D 转换结果，A/D 转换结果的存储格式由 CLK_DIV 寄存器中 B5 位 ADRJ 进行控制。

```
CLK_DIV |=0x20;              //ADC_RES 和 ADC_RESL 存储格式为：ADC_RESL 从高位
                             // 到低位依次存储 ADC_RES7 至 ADC_RES0；ADC_RES
                             // 的 B1 和 B0 分别存储 ADC_RES9 和 ADC_RES8
```

CLK_DIV 寄存器中 B5 位 ADRJ 默认为 0 时，ADC_RES 从高位到低位依次存储 ADC_RES9 至 ADC_RES2，ADC_RESL 的 B1 和 B0 分别存储 ADC_RES1 和 ADC_RES0。

4. 关键代码分析

```
#include <STC15.h>
#include "intrins.h"
#include "stdio.h"

#define FOSC 11059200
#define BAUD 9600

typedef unsigned char BYTE;
typedef unsigned int WORD;

#define ADC_POWER 0x80        //ADC 电源控制位
#define ADC_FLAG 0x10         //ADC 完成标志
#define ADC_START 0x08        //ADC 起始控制位
#define ADC_SPEEDLL 0x00      //540 个时钟
#define ADC_SPEEDL 0x20       //360 个时钟
#define ADC_SPEEDH 0x40       //180 个时钟
#define ADC_SPEEDHH 0x60      //90 个时钟

void InitUart();
void SendData(BYTE dat);
void Delay(WORD n);
```

```
void InitADC();
void ShowResult(void);

BYTEgewei,shifen;                // 定义电压输出值的个位和小数点后面第一位
BYTE ch=0;                       // ADC 通道号
WORD adc_result;                 // 定义 10 位 A/D 采集结果值

void main()
{
   InitUart();                   // 初始化串口
   InitADC();                    // 初始化 ADC
   IE=0xa0;                      // 使能 ADC 中断

   while (1)
   {
       ShowResult();             // 显示通道 1
       Delay(150);               // 延迟
   }
}
/*---------------------------
ADC 中断服务程序
----------------------------*/
void adc_isr() interrupt 5 using 1
{
   ADC_CONTR&=!ADC_FLAG;         // 清除 ADC 中断标志
   adc_result=ADC_RES*256+ADC_RESL;
   ADC_CONTR=ADC_POWER | ADC_SPEEDLL | ADC_START | ch;
}
/*---------------------------
初始化 ADC
----------------------------*/
void InitADC()
{
   P1ASF=0x01;                   //设置 P1 口为 A/D 口
   CLK_DIV|=0x20;
   ADC_RES=0;                    // 清除结果寄存器
   ADC_CONTR=ADC_POWER | ADC_SPEEDLL | ADC_START | ch;
   Delay(2);                     //ADC 上电并延时
}
/*---------------------------
初始化串口
----------------------------*/
void InitUart()
{
   SCON=0x5a;                    // 设置串口为 8 位可变波特率
   TMOD=0x20;                    // 设置定时器 1 为 8 位自动重装载模式
   AUXR=0x40;                    // 定时器 1 为 1T 模式
   TH1=TL1=0xDC;                 //9600 bit/s(256 - 11059200/32/9600)
   TR1=1;
}
/*---------------------------
发送 ADC 结果到 PC ，例如 2.7V
```

```
----------------------------*/
void ShowResult(void)
{
   gewei=adc_result%1000%100/10;
   shifen=adc_result%1000%100%10;
   SendData(gewei+0x30);              // 显示个位的电压数值
   SendData(0x2E);                    // 显示小数点
   SendData(shifen+0x30);             // 显示十分位位上的电压数值
   SendData(0x56);                    // 显示 "V"
   SendData(0x0d);
   SendData(0x0a);                    // 回车
}
/*----------------------------
发送串行口数据
----------------------------*/
void SendData(BYTE dat)
{
   while(!TI);                        // 等待前一个数据发送完成
   TI=0;                              // 清除发送标志
   SBUF=dat;                          // 发送当前数据
}
/*----------------------------
软件延时
----------------------------*/
void Delay(WORD n)
{
   WORD x;
   while(n--)
   {
       x=5000;
       while(x--);
   }
}/*----------------------------
软件延时
----------------------------*/
void Delay(WORD n)
{
   WORD x;
   while(n--)
   {
       x=5000;
       while(x--);
   }
}
```

任务实现

（1）将无线模块插到节点底板上，注意天线朝左。

（2）为节点底板通电。

（3）使用 Keil 软件打开随书资源中"源代码\项目 3\任务 5\WZ01_CZ_A_V1.0.uvproj"。

（4）在主程序 main.c 中编辑前面关键代码分析中的源码，完成后保存。

（5）依据本教材项目 2 中任务 2 的操作，进行编译选项的设置。

（6）单击"编译"按钮，成功编译后，在工程目录下 output 文件夹中生成了"外部信号采集实验 .hex"可执行文件。

（7）打开 STC-ISP 软件，将 USB-TTL 下载器插上计算机（需要安装驱动），依据本书项目 2 中任务 3 中的操作，选择下载器端口号和刚刚生成的 .hex 文件。

（8）查看运行结果。程序下载完毕时打开"串口助手"，串口根据自己计算机上的串行口接口进行调整，波特率设为 9 600 bit/s，"接收缓冲区"选择"文本模式"，单击"打开串口"按钮，在"接收缓冲区"可直接读取电压值，如图 3-3 所示。

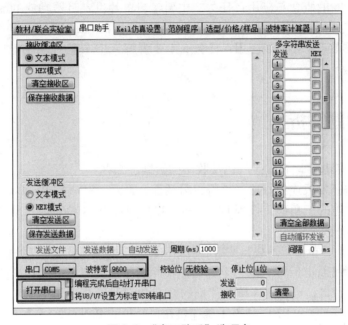

图 3-3　"串口助手"选项卡

任务小结

本任务主要利用 STC15W4K56S4 系列单片机 ADC 采集电压，串行口发送到计算机"串口助手"中显示，主要讲述了单片机 ADC 的基本知识及其相关寄存器的功能描述。在学习过程中重点掌握 ADC 设置及程序中的书写方式。理解关键代码分析中 void InitADC() 及 void InitUart() 函数中的代码功能。

知识拓展

STC15W4K56S4 单片机还提供另一组高速串行通信接口——SPI 接口，它是一种全双工、高速、同步的通信总线，有两种操作模式：主模式和从模式。在主模式中支持高达 3 Mbit/s 的传输速率，还具有传输完成标志和写冲突标志保护。

在任务 3 的基础上，实现双向通信功能，当 LED 灭时，向计算机发送 "00"；当 LED 亮时，向计算机发送 "11"。

项目总结

本项目以目前比较常用的 STC15W4K32S4 单片机为研究对象，在融会贯通单片机应用所需基础知识的基础上，结合物联网工程的岗位人才需求，给出 5 个任务。任务 1 在单片机外部中断学习的基础上，掌握中断的概念与应用；任务 2 主要学习单片机定时器功能的配置并学会如何使用定时器中断；任务 3 主要讲单片机的全双工异步串行通信接口（UART）的概念与应用；任务 4 主要讲解定时器/计数器的 PWM 功能应用；任务 5 主要讲解 A/D 转换模块的配合与应用，完成单片机常用功能开发。

常见问题解析

（1）程序正确，但是 "串口助手" 仍接收不到数据怎么办？

正常情况下，将开发板连接好后，串行口号后面会显示 USB—SERIAL CH340（COMX），如果没有显示，单击右边的三角形，找到 USB—SERIAL CH340（COMX），单击即可，另外波特率也需要同程序设置得一致。

（2）连接单片机后，单击 "下载" 按钮后右侧信息显示框一直显示 "正在检测目标单片机 ..."。

此时需要给单片机断电后再上电，上电后能检测到单片机即可下载；检查选择的串行口号是否为单片机连接的串行口，可以把连接单片机的 CH340 从计算机上拔下，看刚才用的串行口是否正确；检查 CH340 的 TXD 和 RXD 是否正确连接在单片机的 RXD 和 TXD 上，正确连接方式是：CH340 的 RXD 接单片机的 TXD，CH340 的 TXD 接单片机的 RXD。

（3）为什么按任务 1 程序编译完成后，按键中断不起作用？

STC15W4K56S4 单片机外部中断 0 为 P3.2 引脚，外部中断 1 为 P3.3 脚，因此触发外部中断需要从对应的引脚触发。请查看产品节点板按键是否为上述引脚定义。

习　题

一、选择题

1. STC15W4K56S4 单片机最多有（　　）个 GPIO 口，具有（　　）种工作模式，每个 I/O 接口的驱动能力均可达（　　）mA。

    A. 62，4，40　　　　　B. 62，6，40　　　　　C. 40，4，40　　　　　D. 40，6，40

2. STC15W4K56S4 单片机有（　　）个中断源，除一些特殊最低优先级中断外，一般中断均有（　　）个中断优先级。

    A. 21，2　　　　　　B. 20，2　　　　　　C. 21，3　　　　　　D. 20，2

3. 下面不属于中断过程 4 个步骤中的是（　　　）。

　　A. 中断请求　　　　　　B. 中断响应　　　　　　C. 中断服务　　　　　　D. 中断优先级

4. 下面（　　　）描述表示使能总中断含义。

　　A. EA=1　　　　　　　B. IT0=1　　　　　　　C. TCON |=0x01　　　　D. EX0=1

5. STC15W4K56S4 单片机内部有（　　　）个 16 位的定时器/计数器。

　　A. 3　　　　　　　　　B. 4　　　　　　　　　C. 5　　　　　　　　　D. 6

6. 如果要设置 P0 口的 P0.7 为开漏，P0.6 为强推挽输出，P0.5 为高阻输入，P0.4/P0.3/P0.2/P0.1/P0.0 为准双向口 / 弱上拉模式，下面实现正确的是（　　　）。

　　A. P1M1 &= ~0x5F;　　　　　　P1M0 |= 0xC0;

　　B. P0M1 &= ~0x5F;　　　　　　P0M0 |= 0xC0;

　　C. P1M1 &= 0x5F;　　　　　　　P1M0 |= 0xC0;

　　D. P0M1 &= 0x5F;　　　　　　　P0M0 |= 0xC0;

7. 在本项目任务 1 中，控制 LED 的引脚为（　　　）。

　　A. P1.1　　　　　　　　B. P0.1　　　　　　　　C. P2.1　　　　　　　　D. P2.2

8. 下面（　　　）为定时器控制寄存器。

　　A. TMOD　　　　　　　B. TCON　　　　　　　C. AUXR　　　　　　　D. IE

9. STC15W4K56S4 单片机内部共有（　　　）路全双工串行通信接口，其中串行口 1 控制寄存器为（　　　），数据缓冲器为（　　　）。

　　A. 4，SCON，SBUF　　　　　　　　　B. 4，PCON，SBUF

　　C. 6，SCON，SBUF　　　　　　　　　D. 6，PCON，SBUF

10. STC15W4K56S4 单片机的 A/D 转换口在（　　　）口，有（　　　）路 10 位高速 A/D 转换器，速度可达到 300 kHz（30 万次 / 秒）。

　　A. P1，8　　　　　　　B. P2，8　　　　　　　C. P1，6　　　　　　　D. P2，6

二、简答题

1. 分别使用定时器 2、定时器 3 和定时器 4 中断来进行 LED 灯亮灭状态切换。

2. 利用 STC15W4K56S4 单片机串行口 1 实现数据转发功能，具体实现方式为：利用串行口助手"发送缓冲区"向单片机输入数据，例如十六进制数 0x55，串行口助手"接收缓冲区"收到对应的 0x55 数据。

3. 简要说明 STC15W4K56S4 单片机的呼吸灯是如何实现的。

4. 试用 STC15W4K56S4 单片机的 ADC0 和 ADC1 两路 A/D 转换通道对两路直流电压信号同时进行采集。

项目 4

传感控制器的应用

项目引入

本项目为传感器控制器的开发项目，是在 STC15W4K32S4 系列单片机的基础上完成各种传感器的原理学习、传感数据读取方式与相关配置，包括温湿度传感器、光敏传感器、人体红外传感器、继电器和 LED 点阵等。本项目中所选用的传感器均是在每个行业应用较广泛的器件。说明：温湿度传感器、光敏传感器、人体红外传感器是通过 ADC 转换得到数据的。继电器和 LED 点阵是外围设备。

学习目标

- 了解数字湿温度传感器的功能，掌握温湿度传感器的数据读取方法。
- 了解光敏传感器的原理，掌握光照数据的读取方法。
- 熟悉继电器的用法，掌握单片机控制继电器的方法。
- 了解 LED 点阵屏的显示原理，学习单片机驱动 LED 点阵屏的方法。

项目描述

在 Keil C51 开发环境中，通过单片机对温湿度传感器、光照传感器、人体红外传感器、继电器以及点阵的控制，再通过单片机 GPIO 口、串行通信接口以及 ADC 转换等接口实现各类传感器数据的读取。

工作任务

- 任务 1　温湿度的获取
- 任务 2　光照强度的采集
- 任务 3　人体红外的探测
- 任务 4　继电器的控制
- 任务 5　LED 点阵显示

任务 1　温湿度的获取

任务描述

通过编程实现温湿度数据的读取，在节点模块的液晶屏幕上进行显示，当用手接触温湿度传感器时，获取值会产生实时变化。

知识引入

温湿度传感器在生活中应用广泛，常用于温室大棚的检测，仓库、智能家居中的监控，工厂里机器工作的温湿度监控等。现在大多数市面上的温度传感器可检测的范围是 −20 ～ 200℃。湿度传感器根据工艺和材料略有不同。

温度传感器是指能感受温度并转换成可用输出信号的传感器。按测量方式可分为接触式和非接触式两大类；按照传感器材料及电子元件特性可分为热电阻和热电偶两类。

常见的湿度传感器有碳膜湿度传感器、金属氧化物陶瓷式湿度传感器、电解质湿度传感器（氯化锂湿敏电阻）、高分子湿度传感器（高分子湿敏电阻）、高分子湿度传感器 [高分子湿敏电容 (流行)]、红外湿度传感器、微波湿度传感器和超声波湿度传感器等。

1. 实验电路图

本任务中引脚接口与功能定义，如表 4-1 所示。

表 4-1　引脚接口与功能定义

接　　口	功　能　定　义
P0.0	A/D 输入
P0.1	传感器 IO1
P0.2	传感器 IO2
P0.3	传感器 IO3
P0.4	OLED 屏 SCL 信号
P0.5	OLED 屏 SDA 信号
P0.6	传感器编码开关 1
P0.7	传感器编码开关 2
P1.0	传感器编码开关 3
P1.1	传感器编码开关 4
P1.2	传感器编码开关 5

接　口	功　能　定　义
P1.3	蜂鸣器
P1.4	SPI CS
P1.5	SPI CLK
P1.6	SPI MO
P1.7	SPI MI
P2.0	按键
P2.1	DEBUG DD
P2.2	DEBUG DC

SHT3X 读取的温度误差率较低，精度较准，通过 IIC 总线直接接入单片机，STC15 通过 P00 和 P0.1 与 SHT3X 进行连接，温湿度传感器原理图如图 4-1 所示。

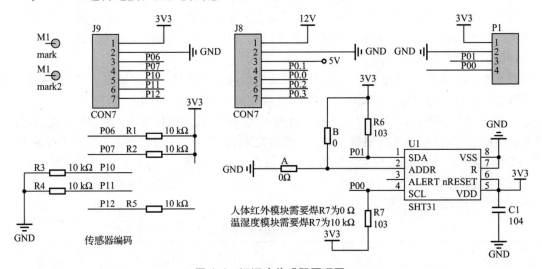

图 4-1　温湿度传感器原理图

实现本任务需要节点板、slink 通信模块、温湿度传感器模块各一个。

2. 关键代码分析

此处给出完整的温湿度传感器数据获取、显示、发送代码，在后期任务实施的代码书写部分可以直接使用，也可以根据实际需求举一反三，修改利用。

源代码中与项目 3 相关的知识这里简单注释，不再展开分析。代码中关键知识点部分以注释形式进行分析，请仔细阅读分析，在任务实施过程中可根据实际情况决定是否书写。

```
//*文件名：　main.c
#include "WZ01_BR13_A_V1.0.h"
#include "DHT11.h"
#include "Uart3.h"
/*-源码分析-------------------
以上三个头文件功能描述如下：
```

WZ01_BR13_A_V1.0.h: 设备厂家单片机定义的头文件;
DHT11.h: 读取 DHT11 温湿度传感器的数据的头文件;
Uart3.h: 串口 3 收发以及端口的映射的头文件。
------------------*/

```
ulong System1MsCnt=0;                      // 系统 1 ms 计数器
ulong SystemSecond=0;
void Timer0Init()
//* 功能描述:    定时器 0 初始化函数
{
    AUXR |=0x80;                           // 定时器 0 为 1T 模式
//  AUXR &=0x7f;                           // 定时器 0 为 12T 模式
    TMOD=0x00;                             // 设置定时器为模式 0 (16 位自动重装载 )
    TL0=T1MS;                              // 初始化计时值
    TH0=T1MS>>8;
    TR0=1;                                 // 定时器 0 开始计时
    ET0=1;                                 // 使能定时器 0 中断
    EA=1;
}
void Timer0_ISR() interrupt 1 using 1
//* 功能描述 : 定时器 0 中断服务函数 ( 启动后每 1 ms 进入一次 )
{
    static uint counter0=0;
    counter0++;
    System1MsCnt++;
    if(System1MsCnt%1000==0)
    {
//BUZZER=!BUZZER;                          // 可根据功能自定义代码
    }
}
void main(void)
//* 功能描述 : 主函数
{
    uint   i=0;
    uint   value=0;
    uint   temp16=0;
    uchar buff[20]={0};                    // 定义字符数组存储串口发送字符串
    uint temp=0;                           // 定义整型变量存储温度值
    uint humi=0;                           // 定义整型变量存储湿度值
    BUZZER_INIT();
    Timer0Init();                          // 定时器 0 初始化
    Uart1Init();                           // 串口 1 初始化
    Uart3Init();                           // 串口 3 初始化
    OledInit();                            // 节点底板 led 屏初始化
    OledClear();
    OledDispString(1,1,"DHT11 温湿度 ");
// 在 OLED 液晶显示屏上的第一行第一列的位置显示 "DHT11 温湿度 " 文字信息
/* 源码分析 ------------------
```

以上 OledDispString ( ) 函数功能如下:

1.OledDispString(uchar page,uchar column,uchar *text): 以 OLED 液晶显示屏上的第 page 行、column 列的位置开始, 显示 *text 文字信息; 注意, 中文字符为双字节, 所以当要显示含有中文字符的信息, 应占 2 行。

如果有第一行 " 当前温湿度 "、第二行 " 温度 25, 湿度 30" 两行字符显示, 对应代码如下:

```
OledDispString(1,1," 当前温湿度 ");
OledDispString(3,1," 温度 25, 湿度 30");
```

```
------------------*/
    while(1)
    {
        temp16=DHT11();                              // 获取温湿度
        temp=temp16>>8;
        humi=temp16&0x00FF;
/* 源码分析 ------------------
以上三行代码功能分析如下:
1.temp16 : 通过 DHT11() 函数获取 16 位温湿度值, 高 8 位存放温度值, 低 8 位存放湿度值
2.temp16>>8: 右移 8 位, 只保留高 8 位, 获取温度值;
3.temp16&0x00FF: 通过按位与运算, 只保留低 8 位, 获取湿度值。
------------------*/
        sprintf(buff," 温度 :%d 湿度 :%d",temp,humi);
        OledClearHalf(2);
        OledDispString(3,1,buff);
        sprintf(buff,"#var 1 %d\r",temp);
        Send3String(buff);
/* 源码分析 ------------------
以上两行代码功能分析如下:
1.sprintf(buff,"#var 1 %d\r",temp): 把 temp 温度变量值代入前面第二个参数字符串中的
"%d" 位置, 存储到 buff 字符数组中。例如 temp=25; 那么 buff 字符数组中最后存储的是 "#var 1 25\
r" 字符串, 是向物联网网关发送信息的数据格式, 此字符串格式含义在上位机开发中会详细叙述。
2.Send3String(buff): 通过串行口 3 向网关发送 buff 字符数组中的信息。
------------------*/

        DelayMs(100);   // 延时 100 ms
        sprintf(buff,"#var 2 %d\r",humi);
        Send3String(buff);
        DelayMs(1000);
    }
}
```

任务实现

（1）将无线模块插到节点底板上，注意天线朝左；将 DHT11 温湿度传感器插到节点底板上，有白色丝印的角朝右。图 4-2 所示为温湿度节点模块。

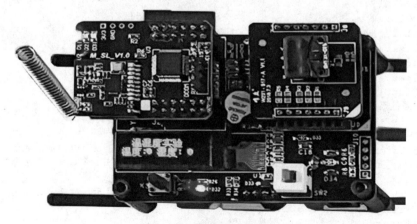

图 4-2　温湿度节点模块

（2）连接节点模块电源，为节点底板通电，此时 LED1 灯为点亮状态。

（3）在 Keil 软件打开随书资源中"源代码\项目 4\任务 1\WZ01_CZ_A_V1.0.uvproj"温湿度工程文件，工程目录结构如图 4-3 所示。

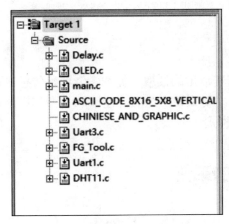

图 4-3　温湿度工程目录结构

（4）在主程序 main.c 中编辑前面关键代码分析中的源代码，完成后保存。

（5）依据本书项目 2 中任务 2 的操作，进行编译选项的设置。

（6）单击"编译"按钮，成功编译后，在工程目录下 output 文件夹中生成"温湿度采集实验.hex"可执行文件。

提示：在编译过程中，编译与 C 语言编译器类似，可以双击错误提示，跳转到错误地方，改正错误。

如果需要对函数或变量的定义进行查看，可将鼠标移动到所要查看的内容上，右击，在弹出的快捷菜单中选择 Go To Definition 命令转到定义部分进行查看，如图 4-4 所示。

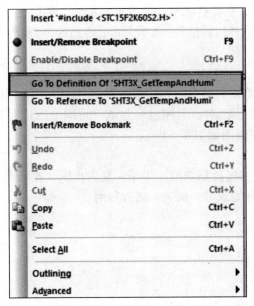

图 4-4　选择 Go To Definition 命令

（7）打开 STC-ISP 软件，将 USB-TTL 下载器插上计算机（需要安装驱动程序），依据本书项目 2 中任务 3 中的操作，选择下载器端口号和刚刚生成的 .hex 文件。

（8）查看运行结果。程序下载完毕，OLED 屏幕将显示"温度：27 湿度：69"，如果改变传感器周边的温度或者湿度，OLED 上的温湿度数据也将随之改变。

 任务小结

本任务通过编程实现温湿度数据的读取，让初学者熟悉传感器编程的思路，进一步加强开发环境的使用和配置。本任务中主要知识点为温湿度读取 DHT11() 函数、节点底板液晶屏幕显示，同时要注意向网关发送数据的格式。

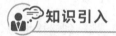 光照强度的采集

 任务描述

通过编程实现光照强度数据的读取，在节点模块的液晶屏幕上进行显示，当用手遮挡光敏传感器时，光照数据会相应发生变化。

知识引入

光敏传感器的应用主要是光敏电阻的应用，因此在自动控制、家用电器中得到广泛应用。例如：在电视机中作亮度自动调节，在照相机中作自动曝光，在路灯、航标灯中作自动电路控制、防盗报警装置等。

光敏传感器的种类繁多，主要有光电管、光电倍增管、光敏电阻、光敏晶体管、光耦合器、太阳能电池、红外线传感器、紫外线传感器、光纤式光电传感器、色彩传感器、CCD（电荷耦合元件）和 CMOS 图像传感器等。

1. 实验电路图

光敏传感器采用灵敏度高的光敏电阻作为采集点，STC15 使用 P00 进行 ADC 转换采集数据，其中增加一块 LM393 进行电压比对，当超过一定值（可调电阻控制）时，LM393 数据引脚连接 STC15 的 P0 引脚输出高，原理图如图 4-5 所示。

2. 关键代码的分析

此处给出完整的光敏传感器数据获取、显示、发送代码，在后期任务实施的代码书写部分可以直接使用，也可以根据实际需求举一反三，修改利用。

```
#include "WZ01_SN_A_V1.0.h"
#include "Uart1.h"
#include "Uart3.h"
#include "ADC.h"
/*- 源码分析 -----------------
以上 4 个头文件功能描述如下：
```

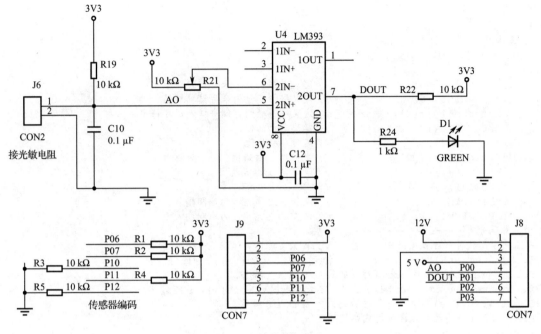

图 4-5　光敏传感器原理图

```
WZ01_SN_A_V1.0.h: 设备厂家单片机定义的头文件;
Uart1.h: 串行口 1 收发以及端口的映射的头文件。
Uart3.h: 串行口 3 收发以及端口的映射的头文件。
ADC.h: ADC 转换头文件。
-------------------*/
//uchar LineBuf[16];
ulong System1MsCnt=0;    // 系统 1 ms 计数器
ulong SystemSecond=0;
// 初始化定时器 0
void Timer0Init()
{
    AUXR |= 0x80;            // 定时器 0 为 1T 模式
  //AUXR &= 0x7f;           // 定时器 0 为 12T 模式
    TMOD=0x00;              // 设置定时器为模式 0(16 位自动重装载)
    TL0=T1MS;              // 初始化计时值
    TH0=T1MS >> 8;
    TR0=1;                 // 定时器 0 开始计时
    ET0=1;                 // 使能定时器 0 中断
    EA=1;                  // 使能外部总中断
}
//* 功能描述 : 定时器 0 中断服务函数 (启动后每 1 ms 进入一次)
void Timer0_ISR() interrupt 1 using 1
{
    static uint counter0=0;
    counter0++;
    System1MsCnt++;
    if(System1MsCnt%1000==0)
    {
//        BUZZER=!BUZZER;
```

```
            }
    }
    // 主函数
    void main(void)
    {
        uint   value0=0;              // 定义整形变量用来存储光照值
        uint   value1=0;              // 定义整形变量用来存储端口值
        uchar buff[20]={0};           // 定义字符数组存储串口发送字符串
        BUZZER_INIT();                // 蜂鸣器初始化
        Timer0Init();                 // 定时器初始化
        Uart1Init();                  // 串行口 1 初始化
        Uart3Init();                  // 串行口 3 初始化
        InitADC();                    //ADC 转换初始化
        SetBit(P1M1,1);               // 设置 P11 置 1，为高阻输入
        ClrBit(P0M1,1);               // 设置 P01 清 0，为准双向
    /*- 源码分析 ------------------
    以上两个函数引用自 WZ01_BR13_A_V1.0.h 头文件，具体功能如下：
    1. #define SetBit(reg,bit)        (reg|=(1<<(bit)))，P11 置 1
    SetBit(reg,bit)：对 reg 寄存器的第 bit 位置 1 操作。
    2. #define ClrBit(reg,bit)        (reg&=~(1<<(bit)))，P01 清 0
    ClrBit(reg,bit)：对 reg 寄存器的第 bit 位置 0 操作。
    P1M1、P0M1 寄存器功能详细定义参见项目 3。
    ------------------*/
        OledInit();                   // 液晶屏初始化
        OledClear();                  // 液晶屏清屏
        OledDispString(1,1," 光照检测 ");
        while(1)
        {
            value0=((uint)(255-GetADCResult(0)) ;
            value1=DATA_IO1;          //value0=((uint)(255-GetADCResult(1));
    /*- 源码分析 ------------------
    以上两行代码功能分析如下：
    1. GetADCResult(0) 函数引用自 ADC.h 头文件，功能为读取光照传感器 IO0 脚的数据，为实际的光
    照值。
        由于函数获取的值越大，对应的光照强度越暗，不符合人们的逻辑思维，因此用 (255-GetADCResult(0))
    进行换算，以符合数值大小与明暗度的大小对应。
    2. 通过引脚定义，读取光照传感器 IO1 脚的数据，为数字量，通过传感器上的电位器调节参考值设置阈值，
    当高于阈值此处为 1，否则为 0。
        相关引脚定义参考 WZ01_BR13_A_V1.0.h 头文件。
    #define BUZZER                    P45                         // 蜂鸣器端口定义
    #define DATA_IO0                  P10
    #define DATA_IO1                  P11
    #define DATA_IO2                  P02
    #define DATA_IO3                  P03
    ------------------*/
            sprintf(buff,"V0:%d V1:%d\r\n",value0,value1);//V0 表示模拟量 V1 表示数字量
            // 以下代码参照温湿度代码详解，不再讲述
            OledClearHalf(2);
            OledDispString(3,1,buff);
            sprintf(buff,"#var 1 %d\r",value0);
            Send3String(buff);
            sprintf(buff,"#var 2 %d\r",value1);
            Send3String(buff);
            DelayMs(1000);
```

```
    }
}
```

 任务实现

（1）将无线模块插到节点底板上，注意天线朝左，将光敏传感器插到节点底板，有白色丝印的角朝右。图 4-6 所示为光敏传感器节点模块。

（2）为节点底板通电，此时 LED1 灯为点亮状态。

（3）使用 Keil 软件打开随书资源中"源代码 \ 项目 4\ 任务 2\WZ01_CZ_A_V1.0.uvproj"光敏工程文件，工程目录结构如图 4-7 所示。

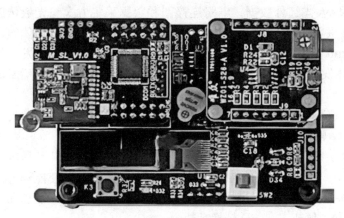

图 4-6　光敏传感器节点模块

图 4-7　光敏工程目录结构

（4）在主程序 main.c 中编辑前面关键代码分析中的源码，完成后保存。

（5）依据本书项目 2 中任务 2 的操作，进行编译选项的设置。

（6）单击"编译"按钮，成功编译后，在工程目录下 output 文件夹中生成了"光敏传感器实验.hex"可执行文件

（7）打开 STC-ISP 软件，将 USB-TTL 下载器插上计算机（需要安装驱动），依据本书项目 2 中任务 3 中的操作，选择下载器端口号和刚刚生成的 .hex 文件。

（8）查看运行结果。程序下载完毕，OLED 屏幕将显示 V0:0V1:50，如果改变传感器周边的光照环境，OLED 上的光照数据也将随之改变。

 任务小结

本任务通过编程实现光敏传感器数据的读取，主要知识点为光敏值读取 GetADCResult() 函数。GetADCResult() 所获取的值与原光照值随环境值成反比，因此通过换算后值为 255-GetADCResult(0)，得到与环境值成正比的值，同时要注意代码中引脚定义。

任务 3 **人体红外的探测**

任务描述

通过编程实现人体红外数据的读取，在节点模块的液晶屏幕上进行显示，对是否有人进行判断，在屏幕上显示"有人"或"无人"信息。

知识引入

通过单片机的 ADC 模数转换器读取人体红外数据，电路连接图和数据采集方式与光敏传感器相同。生活中人体红外的应用有防盗报警、感应灯具、红外迎宾仪等。人体都有恒定的体温，一般为 37℃，所以会发出特定波长 10 μm 左右的红外线，被动式红外探头就是靠探测人体发射的 10 μm 左右的红外线而进行工作的。人体发射的 10 μm 左右的红外线通过菲泥尔滤光片增强后聚集到红外感应源上。

红外感应源通常采用热释电元件，这种元件在接收到人体红外辐射温度发生变化时就会失去电荷平衡，向外释放电荷，后续电路经检测处理后就能产生报警信号。

单片机模块的 ADC 模块的参考电压（V_{REF}）为输入的工作电压 V_{cc}，无专门的 ADC 参考电压输入端口。单片机内集成的 A/D 转换器，一般都有相应的特殊功能寄存器来设置 A/D 的使能标志、参考电压、转换频率、通道选择、A/D 输入口的属性（模拟量输入还是普通的 I/O 口）以及启动、停止控制等。程序中通过配置这些传感器，便能实现 AD 转换功能。

1. 实验电路图

人体红外模块探测范围大，性能优，可直接接入单片机，原理图如图 4-8 所示。

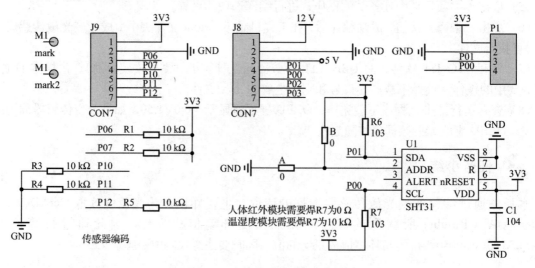

图 4-8 人体红外传感器原理图

本任务实现需要节点板、slink 通信模块、人体红外传感器模块各一个。

2. 关键代码的分析

此处给出完整的光敏传感器数据获取、显示、发送代码，在后期任务实施的代码书写部分可以直接使用，也可以根据实际需求进行举一反三，修改利用。

```c
#include "WZ01_SN_A_V1.0.h"
#include "Uart3.h"
#include "Delay.h"
/*- 源码分析 ------------------
以上 3 个头文件功能描述如下：
WZ01_BR13_A_V1.0.h: 设备厂家单片机定义的头文件。
Uart3.h:3 号串行口收发以及端口映射的头文件。
Delay.h: 延时函数的头文件。
------------------*/
// 设置 P10 为输入方式
#define Sensor_INIT()        P1M0 &=~(1<<0);P1M1 |=(1<<0);     // 设置 P10 为输入方式
#define Sensor_switch        P10                               // 引脚定义
/*- 源码分析 ------------------
1.#define Sensor_INIT()  P1M0 &=~(1<<0);P1M1|=(1<<0):
P1M0&=~(1<<0) 等价于任务二代码中的 SetBit(P1M0,0) 功能。
P1M1|=(1<<0); 等价于任务二代码中的 SetBit(P1M1,0) 功能。
2.#define Sensor_switch  P10:
此处 P10 引脚接人体红外传感器信号输入，Sensor_switch 为 0 时代表没人，为 1 时代表有人。
------------------*/
ulong System1MsCnt=0;                 // 系统 1 ms 计数器
ulong SystemSecond=0;
// 初始化定时器 0
void Timer0Init()
{
    AUXR|=0x80;                       // 定时器 0 为 1T 模式
//  AUXR&=0x7f;                       // 定时器 0 为 12T 模式
    TMOD=0x00;                        // 设置定时器为模式 0(16 位自动重装载)
    TL0=T1MS;                         // 初始化计时值
    TH0=T1MS >> 8;
    TR0=1;                            // 定时器 0 开始计时
    ET0=1;                            // 使能定时器 0 中断
    EA=1;
}
// 定时器 0 中断服务函数（启动后每 1 ms 进入一次）
void Timer0_ISR() interrupt 1 using 1
{
    static uint counter0=0;
    counter0++;
    System1MsCnt++;

    if(System1MsCnt%1000==0)
    {
//  BUZZER=!BUZZER;
    }
}
// 主函数
void main(void)
{
    BUZZER_INIT();                    // 蜂鸣器初始化
```

```
    Uart3Init();                              // 串口 3 初始化
    Sensor_INIT();                            // 人体红外传感器初始化
    LED_INIT();
    OledInit();                               // 液晶屏初始化
    OledClear();                              // 液晶屏清屏
    OledDispString(1,1," 人体红外 -- 实验 ");
    while(1)
    {
        if(Sensor_switch==0)                  // 无人，直接同过 P10 端口检测
        {
            BUZZER_OFF();
            LED3_OFF();                        // 灯灭  蜂鸣器关
            OledClearHalf(2);
            OledDispString(3,1," 无人 ");
            Send3String("#var 1 0\r");
        }
        else                                  // 有人
        {
            BUZZER_ON();
            LED3_ON();                         // 灯亮  蜂鸣器开
            OledClearHalf(2);
            OledDispString(3,1," 有人 ");
            Send3String("#var 1 1\r");         // 通过串行口 3 发送到网关或其他
        }
        DelayMs(500);
    }
}
```

任务实现

（1）将无线模块插到节点底板上，注意天线朝左，将人体红外传感器插到节点底板，有白色丝印的角朝右。图 4-9 所示为人体红外节点模块。

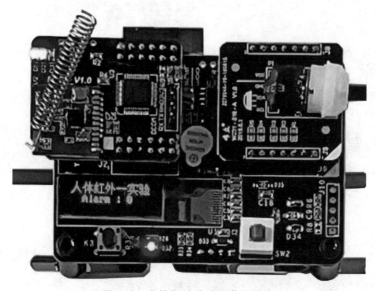

图 4-9 人体红外传感器节点模块

（2）连接节点模块电源，为节点底板通电，此时 LED1 灯为点亮状态。

（3）在 Keil 软件打开随书资源中"源代码\项目 4\任务 3\WZ01_CZ_A_V1.0.uvproj"人体红外工程文件，工程目录结构如图 4-10 所示。

图 4-10　人体红外工程目录结构

（4）在主程序 main.c 中编辑前面关键代码分析中的源码，完成后保存。

（5）依据本教材项目 2 中任务 2 的操作，进行编译选项的设置。

（6）单击"编译"按钮，成功编译后，在工程目录下 output 文件夹中生成了"人体红外实验.hex"可执行文件。

（7）打开 STC-ISP 软件，将 USB-TTL 下载器插上计算机（需要安装驱动），依据本教材项目 2 中任务 3 中的操作，选择下载器端口号（串口号）和刚刚生成的 HEX 文件，单击"下载/编程"按钮。

（8）查看运行结果。程序下载完毕，如果有人，OLED 屏幕将显示"有人"；如果没人，OLED 屏幕将显示"无人"。

 任务小结

本任务通过编程实现人体红外传感器数据的读取，本任务中主要知识点是理解人体红外传感器的工作原理及在程序中对状态判断的实现方法，应重点理解 Sensor_INIT()、Sensor_switch 宏定义的内容。

任务 4　继电器的控制

 任务描述

通过编程实现继电器对风扇的启停控制，点击继电器面板上的黑色按键，当点击次数是偶数次时，风扇启动；当点击次数是奇数次时，风扇停止转动。

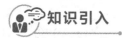 知识引入

1. 继电器的概念

继电器（Relay）是一种电控制器件，用来实现弱电控制强电。单片机输出的电压较低，一般是 3.3 V 或者 5 V，输出电流能力有限，因此不能直接用来控制家电或者其他大功率电气设备，但是可以通过继电器进行控制。单片机的引脚输出高低电平信号给继电器，并用控制继电器的输出端。继电器通常应用于自动化的控制电路中，它实际上是用小电流去控制大电流运作的一种"自动开关"，故在电路中起着自动调节、安全保护、转换电路等作用。

汽车领域比较常见的继电器有启动电动机的启动继电器、喇叭继电器、电动机或发电机断路继电器、充电电压和电流调节继电器、转变信号闪光继电器、灯光亮度控制继电器以及空调控制继电器、推拉门自动开闭控制继电器、玻璃窗升降控制继电器。空调控制继电器主要用于控制压缩机电动机、风扇电动机和冷却泵电动机，以执行相关的控制功能。

工业控制继电器主要的控制功能由通用交流继电器完成，通常由按钮或限位开关驱动继电器。继电器的触点可以控制电磁阀、较大的启动电动机以及指示灯。

2. 继电器的配置

继电器的控制与 LED 的控制类似，都是将对应的 I/O 接口 P1.1 设置为强推挽输出。P1.1 寄存器如表 4-2 所示。

表 4-2　P1.1 寄存器的配置

P1M1[7:0] 寄存器 P1M1 地址为 91H	P1M0[7:0] 寄存器 P1M1 地址为 92H	I/O 口模式 （P1.x 如做 A/D 使用，需先将其设置成开漏或高阻输入）
0	0	准双向口（传统 8051 I/O 模式，弱上拉），灌电流可达 20 mA，拉电流为 270 μA。由于制造误差，实际为 270 μA ～ 150 μA
0	1	推挽输出（强上拉输出，可达 20 mA，要加限流电阻）
1	0	高阻输入（电流既不能流入也不能流出）
1	1	开漏（Open Drain），内部上拉电阻断开。开漏模式既可读外部模式，也可对外输出（高电平或低电平），如果要正确读外部状态或需要对外输出高电平，需外加上拉电阻，否则读不到外部状态，对外也输不出高电压

注：P1 口设置 <P1.7, P1.6, P1.5, P1.4, P1.3, P1.2, P1.1, P1.0 口 >（P1 口地址：90H）。

P1.7 为开漏，P1.6 为强推挽输出，P1.5 为高阻输入，P1.4/P1.3/P1.2/P1.1/P1.0 为准双向口/弱上拉。

按照表 4-2 中的内容，对 P1 口配置成推挽输出，P1M1 寄存器第 1 位设置为 0，寄存器 P1M0 第 1 位设置为 1。配置如下：

```
P1M1 &= ~0x02;        // 设置 bit1 为 0
P1M0 |= 0x02;         // 设置 bit1 为 1
```

3. 实验电路图

继电器模块采用触点式，此方式可有效降低由于操作频繁，电流瞬间冲击对继电器造成的影响，其原理图如图 4-11 所示。

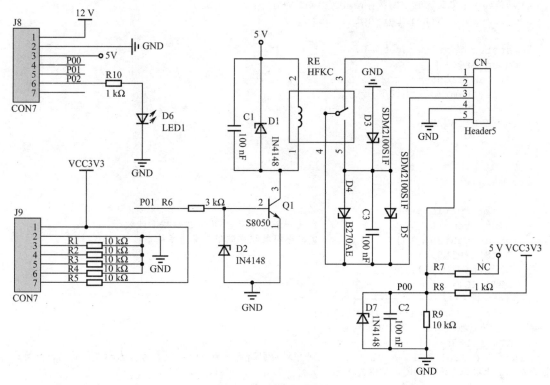

图 4-11　继电器原理图

本任务实现需要节点板、slink 通信模块、继电器模块各一个。

4. 关键代码的分析（按键控制继电器）

本任务实现的关键是对 P11 引脚进行控制，实现继电器对链接电器的控制。完整代码如下：

```
#include "WZ01_SN_A_V1.0.h"
#include "Uart3.h"
/*- 源码分析 -------------------
以上两个头文件功能描述如下:
WZ01_BR13_A_V1.0.h:  设备厂家单片机定义的头文件。
Uart3.h:3 号串行口收发以及端口映射的头文件。
------------------*/
ulong System1MsCnt=0;          // 系统 1 ms 计数器
ulong SystemSecond=0;
// 定时器 0 初始化
void Timer0Init()
{
    AUXR|=0x80;                // 定时器 0 为 1T 模式
    TMOD=0x00;                 // 设置定时器为模式 0(16 位自动重装载)
    TL0=T1MS;                  // 初始化计时值
    TH0=T1MS >> 8;
    TR0=1;                     // 定时器 0 开始计时
```

```
        ET0=1;                          // 使能定时器 0 中断
        EA=1;                           // 使能总中断
}


//* 功能描述：定时器 0 中断服务函数（启动后每 1 ms 进入一次）
void Timer0_ISR() interrupt 1 using 1
{
        static uint counter0=0;
        counter0++;
        System1MsCnt++;
        if(System1MsCnt%1000==0)
        {
//   BUZZER=!BUZZER;
        }
}
// 主函数
void main(void)
{
        char   *ptrTemp=NULL;
        uint   temp=0;                  // 定义一个整形变量 用来按键按下计数
        uchar buff[20]={0};             // 定义字符数组存储串口发送字符串
        SetBit(P1M0,1);
        ClrBit(P1M1,1);
        DATA_IO1=0;
/*- 源码分析 ------------------
1.SetBit(P1M0,1);ClrBit(P1M1,1);:
配置 P11 为强推挽输出，用于控制继电器
1. DATA_IO1=0:
    DATA_IO1 在 WZ01_BR13_A_V1.0.h 头文件中对应引脚定义为 P11，设置为 0 表示关闭状态。此处是
为防止继电器上次断电没有关闭，所以先关闭一次。
------------------*/
        BUZZER_INIT();
        LED_INIT();
        KEY_INIT();                     // 设置 P46 引脚为输入方式

        Timer0Init();                   // 定时器初始化
        OledInit();                     // 液晶屏初始化
        OledClear();                    // 液晶屏清屏
        OledSprintf(1,1," 继电器控制 ");
        OledSprintf(3,1," 关 ");
        LED2_OFF();
        while(1)
        {
            if(KEY1==0)
            {
DelayMs(20);
/*- 源码分析 ------------------
1.KEY1:
在 WZ01_BR13_A_V1.0.h 头文件中对 KEY1 宏定义为： #define  KEY1 P46，P46 对应电路板按键。
当按键按下状态，KEY1 取值为 0； 松开状态，取值为 1。
2. DelayMs(20):
    功能为延时 20 ms，目的是进行按键消抖，防止按键在按下或松开的状态下不稳定。此处延时时长可根据
实际情况自行修改进行调试。
------------------*/
```

```
if(KEY1==0)                      // 按键按下
{
    temp ++;                     // 按键按下的次数计数
    OledClearHalf(2);
    if(temp%2==0)                // 判断按键按下几次  偶数次关闭  奇数次打开
    {
        OledSprintf(3,1,"关");
        LED2_OFF();
        LED3_ON();
        DATA_IO1=0;              // 关闭继电器（风扇）
        BUZZER_ON();
        DelayMs(100);
        BUZZER_OFF();
        OledSprintf(3,1,"关");
    }
    else
    {
        OledSprintf(3,1,"开");
        LED2_ON();
        LED3_OFF();
        DATA_IO1=1;              // 打开继电器（风扇）
        BUZZER_ON();
        DelayMs(300);
        BUZZER_OFF();
        OledSprintf(3,1,"开");
    }
}
}
```

任务实现

（1）将无线模块插到节点底板上，注意天线朝左，将继电器模块插到节点底板，有白色丝印的角朝右。图 4-12 所示为继电器节点模块。

图 4-12 继电器节点模块

（2）连接节点模块电源，为节点底板通电，此时 led1 灯点亮状态。

（3）在 Keil 软件打开随书资源中"源代码 \ 项目 4\ 任务 4\WZ01_CZ_A_V1.0.uvproj"继电器工程文件，工程目录结构如图 4-13 所示。

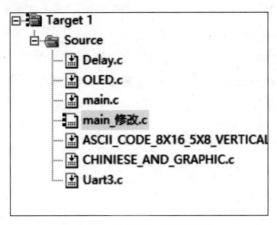

图 4-13　继电器工程目录结构

（4）在主程序 main.c 中编辑前面关键代码分析中的源码，完成后保存。

（5）依据本书项目 2 中任务 2 的操作，进行编译选项的设置。

（6）单击"编译"按钮，成功编译后，在工程目录下 output 文件夹中生成了"继电器实验.hex"可执行文件。

（7）打开 STC-ISP 软件，将 USB-TTL 下载器插上计算机（需要安装驱动程序），依据本书项目 2 中任务 3 中的操作，选择下载器端口号和刚刚生成的 HEX 文件。

（8）查看运行结果。程序下载完毕，OLED 屏幕将显示继电器控制状态"关"，同时 Slink 模块 D2 指示灯熄灭。当按下底板上的按键时，继电器的状态将打开，同时 D2 指示灯点亮，再按一次则关闭。

 任务小结

本任务通过编程实现人体红外传感器数据的读取，本任务中主要知识点是理解继电器的工作原理，在程序中对应引脚 I/O 工作模式，理解延时函数 delay() 的应用，体会其在实现按键消抖功能的作用。

任务5　LED 点阵显示

 任务描述

利用字模软件获取"欢迎光临"4 个汉字字模，编程实现在 LED 点阵屏上显示。

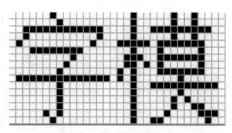

知识引入

文字和图形均由点阵组成，例如常用的汉字，完整的点阵为 16×16、32×32 等，每个点就是一个像素点，如图 4-14 所示。

将黑点处（点亮的像素点）定义为 1，白点处（不亮的像素点）定义为 0，就可以编写成能在单片机中保存的字型格式。

图 4-14　汉字点阵

1. 实验电路图

LED 点阵模块有四块 8×8 的小屏组合成为一块 16×16 的显示屏，其中驱动显示屏电路采用 MAX7219 进行级联，也就是每块 MAX7219 串联起来，原理图如图 4-15 所示。

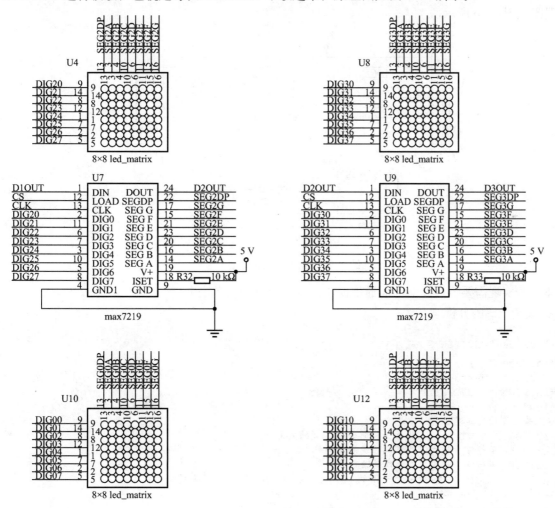

图 4-15　驱动显示屏电路原理

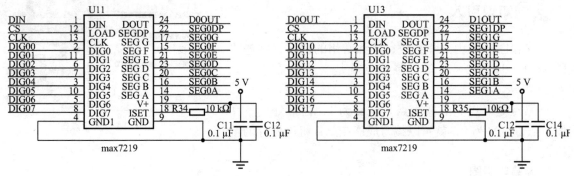

图 4-15　驱动显示屏电路原理（续）

　　MAX7219 只需三根线与 STC15 相连接，即 DIN 数据输入线，CLK 时钟线，CS 片选线，点阵原理图如图 4-16 所示。

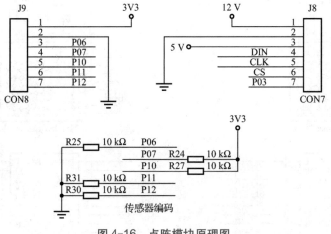

图 4-16　点阵模块原理图

　　本任务实现需要节点板、slink 通信模块、LED 点阵模块各一个。

2. 关键代码的分析

```
#include "WZ01_SN_A_V1.0.h"
#include "Uart1.h"
#include "Uart3.h"
#include "Max7219.h"
/*- 源码分析 -----------------
以上头文件功能描述如下:
WZ01_BR13_A_V1.0.h: 设备厂家单片机定义的头文件。
Uart3.h: 串行口 3 收发以及端口的映射头文件。
Uart1.h: 串行口 1 收发以及端口的映射头文件。
Max7219.h:  Max7219 是一块专用的 LED 显示驱动芯片，这是它的头文件
------------------*/
ulong System1MsCnt=0;              // 系统 1 ms 计数器
ulong SystemSecond=0;
void Timer0Init()
{
```

```
    AUXR|=0x80;                        // 定时器 0 为 1T 模式
  //AUXR&=0x7f;                        // 定时器 0 为 12T 模式
    TMOD=0x00;                         // 设置定时器为模式 0(16 位自动重装载 )
    TL0=T1MS;                          // 初始化计时值
    TH0=T1MS >> 8;
    TR0=1;                             // 定时器 0 开始计时
    ET0=1;                             // 使能定时器 0 中断
    EA=1;
}
//*=========================================|====================*
//* 函数原型 :
//* 功能描述 : 定时器 0 中断服务函数 ( 启动后每 1 ms 进入一次 )
//*=========================================|====================*
void Timer0_ISR() interrupt 1 using 1
{
    static uint counter0=0;
    counter0++;
    System1MsCnt++;
    if(System1MsCnt%1000==0){
//BUZZER=!BUZZER;
    }
}
// 主函数
void main(void)
{
    int len=0;
    int temp=0;                        // 定义一个整形变量用来计数
    BUZZER_INIT();                     // 蜂鸣器初始化
    Timer0Init();                      // 定时器初始化
    Uart1Init();                       // 串口 1 初始化
    Uart3Init();                       // 串口 3 初始化
    Send1String(" 支持汉字库 :\r\n");   // 通过串行口 1 向串口助手发送字符
    Send1String(Chinese_text_16x16);
    Init_MAX7219();                    // 初始化驱动芯片
    OledInit();                        // 液晶屏初始化
    OledClear();                       // 清屏
    OledDispString(1,1," 点阵显示实验 ");
fg_LedDisplay(" 欢迎光临 ");
}
```

任务实现

（1）汉字取模：第一步，运行打开随书资源中"开发工具 \ 液晶取模软件 \PCtoLCD2002.exe"，在软件运行窗口中选择"选项"命令，打开如图 4-17 所示"字模选项"对话框。

对照对话框中的标识选项进行设置，注意对话框中"自定义格式"是根据存放汉字编码 CHINIESE_AND_GRAPHIC.c 文件中的格式来填写的，请严格按图中内容设置，否则在生成的字库中会产生多余的符号。

设置完成后，单击"确定"按钮，关闭字模选项设置对话框。

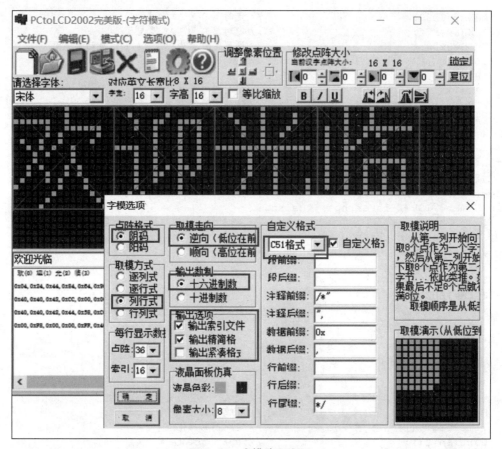

图 4-17　字模选项设置

第二步，在图 4-18 中标识"1"处下拉列表框中输入"欢迎光临"4 个所要取模的汉字，输入完成后，在程序窗口主界面中出现所输入文字的点阵显示状态。

单击输入下拉列表框后面标识"2"处"生成字模"按钮，在按钮下方的标识"3"处空白区域，生成 4 个汉字的字模编码。选中所有编码（以第二行开始选择），复制选中内容。

第三步，打开随书资源中"源代码 \ 项目 4\ 任务 5\\src\FontLib\CHINIESE_AND_GRAPHIC.c"源文件，如图 4-19 所示。

在源文件标识"1"处，输入"欢迎光临"4 个所取模的文字。此处文字严格按第二步中输入的文字内容添加。

在源文件红色标识"2"处，粘贴第二步中复制的字库编码到此处。

上述文字顺序应严格与编码顺序一致，当输入文字中有重复汉字时，不可省略。

完成上述工作后，保存源文件，后期我们可以在 LED 点阵屏上显示已编码的文字。

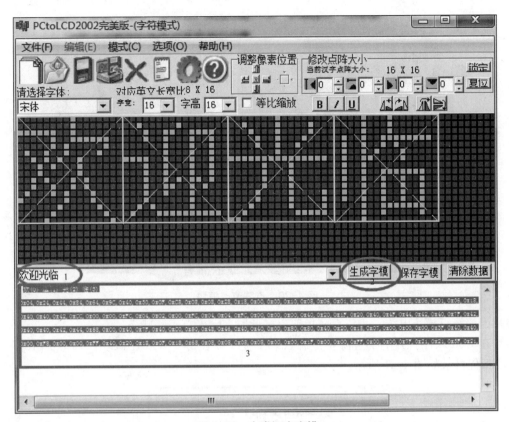

图 4-18 生成汉字字模

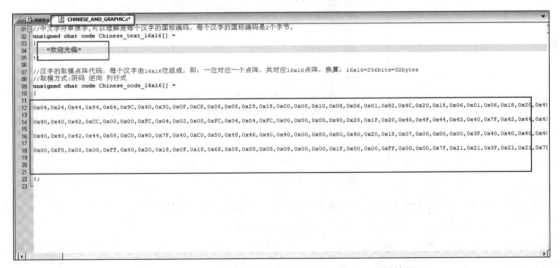

图 4-19 CHINIESE_AND_GRAPHIC.c 源文件编辑

（2）将无线模块插到节点底板上，注意天线朝左，将 LED 点阵模块插到节点底板，注意模块底部有芯片的那一边朝右，如图 4-20 所示。

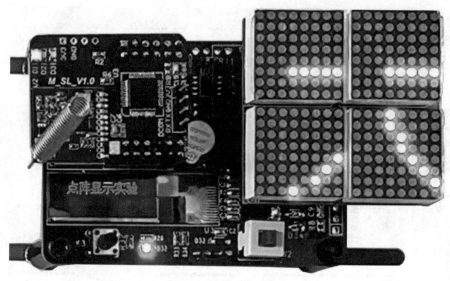

图 4-20　点阵节点模块

（3）连接节点模块电源，为节点底板通电，此时 LED1 灯点亮状态。

（4）在 Keil 软件打开随书资源中"源代码 \ 项目 4\ 任务 5\WZ01_CZ_A_V1.0.uvproj"点阵工程文件，工程目录如图 4-21 所示。

图 4-21　点阵工程目录结构

（5）在主程序 main.c 中编辑前面关键代码分析中的源代码，完成后保存。

（6）依据本书项目 2 中任务 2 的操作，进行编译选项的设置。

（7）单击"编译"按钮，成功编译后，在工程目录下 output 文件夹中生成了"点阵实验 .hex"可执行文件。

（8）打开 STC-ISP 软件，将 USB-TTL 下载器插上计算机（需要安装驱动），依据本书项目 2 中任务 3 中的操作，选择下载器端口号和刚刚生成的 HEX 文件。

（9）查看运行结果。LED 点阵屏上的字幕将向左滚动显示。

 **任务小结**

本任务利用汉字取模软件生成字模编码，实现在 LED 点阵上显示，主要知识点是取模和显示，应对 CHINIESE_AND_GRAPHIC.c、ASCII_CODE_8X16_5X8_VERTICAL.c 两个文件内容进行研究，以利于对点阵显示的理解。理解 CHINIESE_AND_GRAPHIC.c 中中文部分和字库编码部分的对应关系。同时，注意在汉字取模时字模选项需按对应内容设置，避免非法符号进入字模编码。

任务 6　射频识别的简单利用

 任务描述

通过编程利用射频识别模块，读取卡号显示在 OLED 屏幕上。

 知识引入

射频识别（Radio Frequency Identification，RFID）技术，又称无线射频识别，是一种通信技术，俗称电子标签。可通过无线电信号识别特定目标并读/写相关数据，而无须识别系统与特定目标之间建立机械或光学接触。在门禁系统、电子溯源、食品溯源、产品防伪等地方广泛应用。射频一般是微波，1 ～ 100 GHz，适用于短距离识别通信。

RFID 读写器也分移动式的和固定式的，目前 RFID 技术应用很广，如图书馆、门禁系统、食品安全溯源等。

RFID 技术的基本工作原理并不复杂：标签进入磁场后，接收解读器发出的射频信号，凭借感应电流所获得的能量发送出存储在芯片中的产品信息（无源标签或被动标签），或者由标签主动发送某一频率的信号（Active Tag，有源标签或主动标签），解读器读取信息并解码后，送至中央信息系统进行有关数据处理。

一套完整的 RFID 系统，是由阅读器与电子标签也就是所谓的应答器及应用软件系统三部分所组成，其工作原理是阅读器发射一特定频率的无线电波能量，用以驱动电路将内部的数据送出，电子标签接收无线电波后返回内部数据，此时阅读器便依序接收解读数据，送给应用程序做相应的处理。

1. 实验电路图

射频识别模块采用 PN532 为射频识别芯片，与 CC2530 的串口进行连接，如图 4-22 所示。

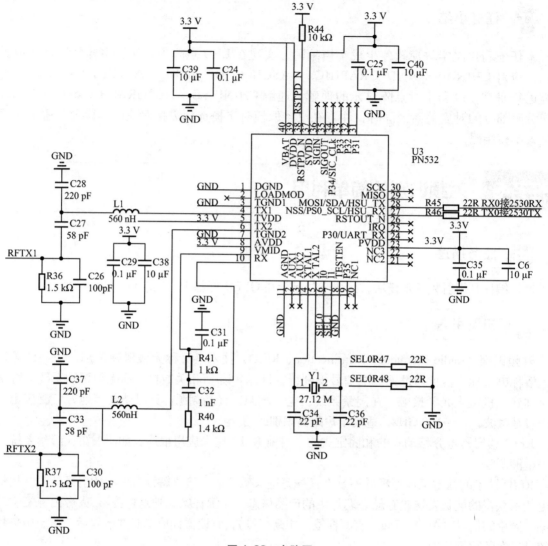

图 4-22 电路图

本任务实现需要节点板、slink 通信模块、射频识别模块各 1 个。

2. 关键代码的分析

此处给出完整的代码，在后期任务实施的代码书写部分可以直接使用，也可以根据实际需求举一反三，修改利用。关键部分以注释形式进行分析，在任务实施过程中可根据实际情况决定是否书写。

```
#include "WZ01_BR13_A_V1.0.h"

#include "Uart4.h"
#include "Uart3.h"
#include "Uart1.h"
#include "Uart2.h"
#include "NFC.h"
#include "ADC.h"
```

```
/*- 源码分析 ------------------
以上头文件功能描述如下：
WZ01_BR13_A_V1.0.h:  设备厂家单片机定义的头文件。
Uart3.h: 串行口 3 收发控制以及端口映射头的文件。
Uart1.h: 串行口 1 收发控制以及端口映射的头文件。
Uart2.h: 串行口 2 收发控制以及端口映射的头文件。
Uart4.h: 串行口 4 收发控制以及端口映射的头文件。
NFC.h:   射频识别的头文件。
ADC.h:   ADC 转换的头文件。
------------------*/
uchar LineBuf[18];                  // 用来存储数据
ulong System1MsCnt=0;               // 系统 1 ms 计数器
ulong SystemSecond=0;

void Timer0Init()
{
    AUXR|=0x80;                     // 定时器 0 为 1T 模式
//  AUXR&=0x7f;                     // 定时器 0 为 12T 模式

    TMOD=0x00;                      // 设置定时器为模式 0(16 位自动重装载 )
    TL0=T1MS;                       // 初始化计时值
    TH0=T1MS >> 8;
    TR0=1;                          // 定时器 0 开始计时
    ET0=1;                          // 使能定时器 0 中断
    EA=1;
}

//* 功能描述 : 定时器 0 中断服务函数 ( 启动后每 1 ms 进入一次 )
void Timer0_ISR() interrupt 1 using 1
{
    static uint counter0=0;
    counter0++;
    System1MsCnt++;

    if(System1MsCnt%1000==0)
    {
//BUZZER=!BUZZER;
    }
}

void main(void)
{
    char  *ptrTemp=NULL;
    uint  i=0;
    uint  temp=0;
    uchar buff[20]={0};
    BUZZER_INIT();
    Timer0Init();
    Uart1Init();
// Uart2Init();
    Uart3Init();
    Uart4Init();
    OledInit();
    OledClear();
```

```
        OledDispString(1,1,"RFID读卡");
        do
        {
            temp=NfcWakeup();
            DelayMs(1000);
        }while(temp!=0);
        /* 以上代码作用是射频识别休眠，等待唤醒 */
        while(1)
        {
            temp=NfcDetect();  // 读卡模块状态检测，如果成功检测 返回 0
            if(temp == 0){
                OledClearHalf(2);
                memset(LineBuf,0,sizeof(LineBuf));  // 清除 LineBuf
```
/*- 源码分析 ------------------
memset(LineBuf,0,sizeof(LineBuf))
Memset（）函数功能是在一段内存块中填充某个给定的值，它是对较大的结构体或数组进行清零操作的一种最快方法。
LineBuf-- 起始地址 *0-- 填充内容 sizeof(LineBuf)-- 填充长度
------------------*/

```
fg_HexToString(4,UID,buff);NfcDetect()
```
/*- 源码分析 ------------------
fg_HexToString(uint8_t imLen,uint8_t *imHex,uint8_t *exStr)
函数功能是将 HEX 数组数据转换成字符串
imLen-- 数组长度 *imHex--HEX 数组指针 *exStr-- 转换之后的指针
------------------*/
```
                sprintf(LineBuf,"ID: %s",buff);
                OledDispString(3,1,LineBuf);              // 将卡号显示在 OLED 液晶屏上
                //BUZZER_ON();
                DelayMs(200);
                BUZZER_OFF();
                DelayMs(500);
                sprintf(LineBuf,"#str 1 %8s\r",buff);
                Send1String(LineBuf);
                Send3String(LineBuf);
            }
        }
    }
```

任务实现

（1）FRID 模块不需要安装，直接进行烧写代码即可，如图 4-23 所示。

（2）连接节点模块电源，为节点底板通电，此时 LED1 灯点亮状态。

（3）在 Keil 软件打开随书资源中"源代码\项目 4\任务 6\WZ01_CZ_A_V1.0.uvproj"射频识别工程文件，工程目录结构如图 4-24 所示。

（4）在主程序 main.c 中编辑前面关键代码分析中的源码，完成后保存。

（5）依据本教材项目 2 中任务 2 的操作，进行编译选项的设置。

（6）单击"编译"按钮，成功编译后，在工程目录下 output 文件夹中生成了"RFID 采集实验.hex"可执行文件。

（7）打开 STC-ISP 软件，将 USB-TTL 下载器插上计算机（需要安装驱动），依据本教材项目 2 中任务 3 中的操作，选择下载器端口号和刚刚生成的 HEX 文件。

（8）查看运行结果。程序下载完毕，OLED 屏幕上显示"RFID 读卡"。把一个射频卡贴到读卡区，下面的 OLED 屏幕上将会显示射频卡的卡号。换一个不同的射频卡，OLED 屏幕将显示不同的卡号。

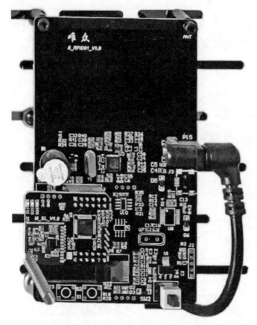

图 4-23　射频识别模块

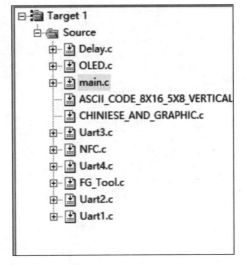

图 4-24　工程目录结构

 任务小结

本任务通过编程实现射频识别功能读取卡号，在学习过程中主要对信号检测 NfcDetect() 函数、卡号读取 fg_HexToString(4,UID,buff) 函数的理解，注意 sprintf(LineBuf,"#str 1 %8s\r",buff) 函数中发送网关的数据格式，与前面涉及的传感器格式有所不同，同时注意头文件的变化。

任务 7　语音播报的简单运用

 任务描述

通过编程实现语音播报"好好学习天天向上"。

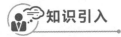 **知识引入**

在生活中应用到的语音播报有很多，如车站的播报、车载语音、智能家居语音等。

语音处理系统：语音信号处理在通信领域得到了广泛的应用，语音传输的数字化是全数字化移动通信系统中的重要环节。高质量、低速率的话音编码技术与高效率的数字调制技术相结合，为现代移动通信提供了优于模拟移动通信的系统容量、通信质量和频谱利用率。现代移动通信的发展也对系统的功耗提出了较高的要求，因此低功耗、高性能的数字信号处理技术已经越来越广泛地被应用于各个领域。

1. 实验电路图

语音播放模块使用科大讯飞 XFS5152 语音合成芯片，STC15 通过串行口与语音播放模块进行通信，语音模块接收数据后合成语音进行播放，电路原理图如图 4-25 所示。

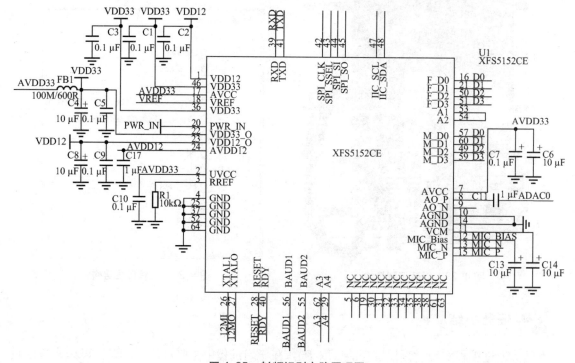

图 4-25　射频识别电路原理图

XFS5152 采用 3.3V 供电，接收串行口数据后，将语音信息经过 ADA0 发送给 HXJ8002 功放芯片放大信号，最后经 Speaker 扬声器输出，如图 4-26 所示。

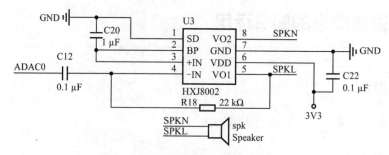

图 4-26　信号接收、输出电路图

本任务实现需要节点板、slink 通信模块、语音播报模块各一个。

2. 关键代码的分析

```c
#include "WZ01_SN_A_V1.0.h"
#include "Uart4.h"
#include "Uart3.h"
#include "Uart1.h"
#include "Uart2.h"
#include "ADC.h"
ulong System1MsCnt=0;                   // 系统 1 ms 计数器
ulong SystemSecond=0;
uchar CmdFlag=0;                        // 接收主机命令标志，收到命令后第一行提示 2 s，然后还原

void Timer0Init()
{
    AUXR|=0x80;                         // 定时器 0 为 1T 模式
//  AUXR&=0x7f;                         // 定时器 0 为 12T 模式

    TMOD=0x00;                          // 设置定时器为模式 0(16 位自动重装载 )
    TL0=T1MS;                           // 初始化计时值
    TH0=T1MS >> 8;
    TR0=1;                              // 定时器 0 开始计时
    ET0=1;                              // 使能定时器 0 中断
    EA=1;                               // 中断总使能
}
//* 功能描述：定时器 0 中断服务函数 ( 启动后每 1 ms 进入一次 )
void Timer0_ISR() interrupt 1 using 1
{
    static uint counter0=0;
    static uint second=0;
    counter0++;
    System1MsCnt++;

    if(System1MsCnt%1000==0)
    {
//  BUZZER=!BUZZER;
        second ++;
        if(second%2==0)                 //2 s 进入一次
        {
            if(CmdFlag==1)              // 需要清第一行调试信息了，还原提示内容
            {
                OledClearHalf(1);   // 显示前先清除
                OledSprintf(1,1,"语音播放 ");
                CmdFlag=0;
            }
        }
    }
}
void yuyin_trform(uint8 *HZdata)
{
    unsigned  char Frame_Info[100];
    unsigned  int  HZ_Length;
    HZ_Length=strlen((char*)HZdata); // 所要播报语音数据的长度
    Frame_Info[0]=0xFD ;
```

```
        Frame_Info[1]=0x00 ;
        Frame_Info[2]=HZ_Length+4;
        Frame_Info[3]=0x01 ;
        Frame_Info[4]=0x01;
        Frame_Info[HZ_Length+5]=0x0D;
        Frame_Info[HZ_Length+6]=0x0A;
        memcpy(&Frame_Info[5], HZdata, HZ_Length);
        Send4Datas(Frame_Info,7+HZ_Length);
}
/*- 源码分析 -----------------
--yuyin_trform() 函数的作用是把字符串转化成可变化的电流输出。
--memcpy(&Frame_Info[5], HZdata, HZ_Length)
从源 HZdata 所指的内存地址的起始位置开始复制 HZ_Length 个字节到目标 &Frame_Info[5] 所指的内
存地址的起始位置
从 Frame_Info[5] 开始存放语音数据
--Send4Datas(Frame_Info,7+HZ_Length)
通过串行口 4 发送数据，进行播报
------------------*/

/******/
void main(void)
{
        char    *ptrTemp=NULL;
        uint    i=0;
        uint    temp=0;
        uchar buff[20]={0};
        uchar keyCnt=0;
        uint    num;
        uchar flag;
        BUZZER_INIT();
        Timer0Init();
        Uart1Init();
        Uart3Init();
        Uart4Init();
        KEY_INIT();
        OledInit();
        OledClear();
        OledDispString(1,1,"语音播放");
        OledSprintf(3,1,"Welcome!");
        DelayMs(500);
        yuyin_trform("好好学习，天天向上");        // 语音播放 " 好好学习，天天向上 "
}
```

任务实现

（1）将无线模块插到节点底板上，注意天线朝左，将继电器模块插到节点底板，有白色丝印的角朝右，如图 4-27 所示。

（2）连接节点模块电源，为节点底板通电，此时 LED1 灯点亮状态。

（3）在 Keil 软件打开随书资源中"源代码 \ 项目 4 \ 任务 7\WZ01_CZ_A_V1.0.uvproj"射频识别工程文件，工程目录结构如图 4-28 所示。

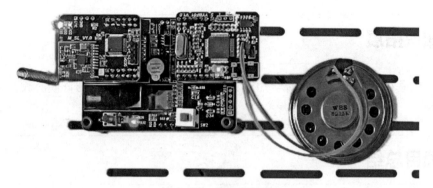

图 4-27　模块连接图

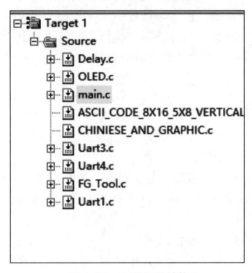

图 4-28　工程目录结构

（4）在主程序 main.c 中编辑前面关键代码分析中的源代码，完成后保存。

（5）依据本教材项目 2 中任务 2 的操作，进行编译选项的设置。

（6）单击"编译"按钮，成功编译后，在工程目录下 output 文件夹中生成了"语音播报实验 .hex"可执行文件。

（7）打开 STC-ISP 软件，将 USB-TTL 下载器插上计算机（需要安装驱动），依据本教材项目 2 中任务 3 中的操作，选择下载器端口号和刚刚生成的 HEX 文件。

（8）查看运行结果。程序下载完成，会听到语音模块的提示：好好学习，天天向上。

 任务小结

本任务利用编程实现语音播报功能，任务的重点是语音播报 yuyin_trform(uint8 *HZdata) 函数，应对此函数中定义的语音的数据格式加以分析理解，同时弄清 Send4Datas()、memcpy() 两个函数的功能及使用方法。

知识拓展

在任务 7 的基础上，结合前面所学知识，实现通过判断按键按下的奇偶次数，来控制播放两句不同的语音。

项目总结

本项目利用 7 个简单的任务场景，编程实现对日常生活中常见的传感器数据获取及控制器操作，为后期传感网的学习打下基础。在学习过程中，应对相关头文件及调用函数加以分析理解，利于对程序实现流程的理解，熟悉不同传感器和执行器的特点及其对应关键代码。建议对引脚定义、液晶屏显示、串口发送等通用程序代码加以分析总结，达到举一反三的学习效果。

常见问题解析

（1）节点底板液晶屏显示不正常。

显示内容如果来自变量，首先检查变量是否有值，是否是字符串格式。

如果是多行显示，查看显示字符串是否包含中文字符，中文字符为双字节，所以当要显示含有中文字符的信息时，应占 2 行。

（2）点阵上显示的是乱码如何处理？

先检查字模软件是否设置正确，字库文件中是否一一对应；在取字模时，一定确保字模与字库一一对应。有相同的字时，也要反复取字模。

（3）射频识别读卡信息节点液晶屏显示无误，但上报数据接收不到。

sprintf（LineBuf,"#str 1 %8s\r",buff）；程序中没有书写此语句而直接上报数据；检查上报数据格式是否正确，这里的数据格式描述有别于传感器节点程序。

习 题

一、选择题

1. 任务代码中 humi=temp16&0x00FF 中的 humi 为湿度变量定义，temp16 为获取的温湿度传感器寄存器的值，由此可见湿度值位于寄存器的（   ）。

A. 高 8 位   B. 低 8 位   C. 高 16 位   D. 低 16 位

2. 在节点底板液晶屏上显示分别显示"您好""欢迎光临"两行文字，对应实现的代码正确的是（   ）。

A. OledDispString(1,1," 您好 ");OledDispString(1,1," 欢迎光临 ");

B.　OledDispString(1,1," 您好 ");OledDispString(2,1," 欢迎光临 ");

C.　OledDispString(1,1," 您好 ");OledDispString(3,1," 欢迎光临 ");

D.　OledDispString(1,1," 您好 ");OledDispString(4,1," 欢迎光临 ");

3.　项目代码中（　　　）函数是负责向网关发送数据。

  A.　Send1String(buff);   B.　Send2String(buff);

  C.　Send3String(buff);   D.　Send4String(buff);

4.　任务二代码中的 SetBit(P1M1,1) 函数功能描述正确的是（　　　）。

  A.　把 P1M1 寄存器的第 1 位赋值为 1

  B.　把 P1M1 寄存器的第 1 位赋值为 0

  C.　把 P1M1 寄存器赋值为 1

  D.　把 P1M1 寄存器赋值为 0

5.　实现继电器的控制，一般将对应的 I/O 接口设置为（　　　）模式。

  A.　强推挽输出   B.　高阻输入   C.　准双向口 / 弱上拉 D.　开漏

6.　在向 CHINIESE_AND_GRAPHIC.c 添加字库编码时，下列描述正确的是（　　　）。

  A.　已有编码可以不再添加

  B.　字库中编码顺序应该与前面的汉字顺序相同

  C.　字库中编码必须与前面汉字一一对应

  D.　字库中编码顺序与前面的汉字无顺序关系

7.　在任务 5 中，生成汉字点阵字库编码时采用的是（　　　）位。

  A.　8X8   B.　16X16   C.　4X4   D.　32X32

8.　RFID 系统是由阅读器与电子标签及（　　　）三部分所组成。

  A.　门禁   B.　应用软件系统   C.　射频卡   D.　天线

9.　行下面代码 char s[10]="1234567"; memcpy(pData, s, 5); 完成后，pData 内的值为（　　　）。

  A.　1234567   B.　123456   C.　12345   D.　1234

10.　下面对 memset(LineBuf,0,8) 函数功能描述正确的是（　　　）。

  A.　从 lineBuf 缓冲区存储空间起始地址开始截取 8 个字节数据

  B.　从 lineBuf 缓冲区存储空间起始地址开始填充 8 个 0

  C.　函数中第二个参数代表 lineBuf 数组下标

  D.　函数中第三个参数代表要向 lineBuf 数组中写入的值

二、简述题

1.　简述射频识别在生活中常见的应用。

2.　简单描述继电器的工作原理。

三、设计题

  尝试利用本项目中温湿度、光照、人体、射频识别、继电器、LED 点阵、语音播报 7 种设备设计一个生活中的应用场景（例如智慧小区），对各设备的用途、场景功能进行简单的描述。完成设计后可以在项目 1 介绍的物联平台中新建案例来验证。

项目 5

CC2530 单片机应用开发

项目引入

CC2530 是用于 2.4 GHz IEEE 802.15.4、ZigBee 和 RF4CE 应用的一个真正的片上系统（SoC）解决方案。它能够以非常低的总材料成本建立强大的网络节点。CC2530 结合了领先的 RF 收发器的优良性能，业界标准的增强型 8051 CPU，系统内可编程闪存，8 KB RAM 和许多其他强大的功能。CC2530 有 4 种不同的闪存版本：CC2530F32/64/128/256，分别具有 32/64/128/256 KB 的闪存。CC2530 具有不同的运行模式，使得它尤其适应超低功耗要求的系统。运行模式之间的转换时间短，进一步确保了低能源消耗。

学习目标

- 熟悉 CC2530 GPIO 口特性及相关控制寄存器。
- 掌握 CC2530 定时/计数器的类型及使用方法。
- 掌握 CC2530 串行口模块的配置与应用。
- 掌握 CC2530 把关定时器功能。
- 掌握 CC2530 A/D 转换配置与应用。

项目描述

在 IAR for 8050 开发环境中，通过对 CC2530 程序开发，以节点板上蜂鸣器为主要验证对象，实现的中断控制按键控制蜂鸣器响起和停止、定时器控制蜂鸣器响起和停止、计算机串口通信收发数据、ADC 读取温湿度传感器的值，以内部把关定时器控制 CC2530 重新启动的功能。

工作任务

- 任务 1　外部中断控制蜂鸣器
- 任务 2　定时器控制蜂鸣器

- 任务 3　串口收发
- 任务 4　ADC 采集温湿度
- 任务 5　把关定时器的应用

任务 1　外部中断控制蜂鸣器

任务描述

在 IAR 8.10 的环境中对 CC2530 单片机 GPIO 口进行配置，通过外部中断的方式，实现蜂鸣器的响起和停止控制。具体要求如下，初始状态蜂鸣器停止鸣叫，当节点板上按键按下时，蜂鸣器响起，当蜂鸣器再次按下时，蜂鸣器停止鸣叫，如此反复。

知识引入

1. 使用 IAR 8.10 版本创建 CC2530 工程

（1）打开 IAR 软件，选择 Project → Create New Project 命令，确定后选择工程路径，输入工程名称，如图 5-1 所示。

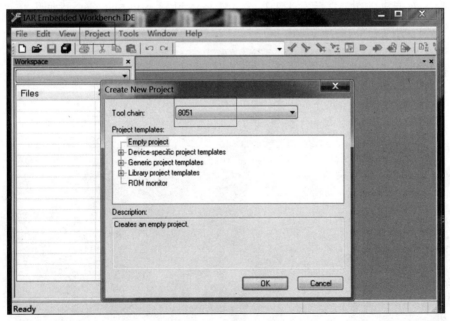

图 5-1　新建工程

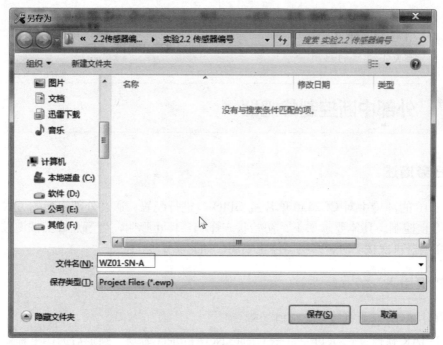

图 5-1 新建工程（续）

（2）工程界面创建成功，之后右击工程名，选择 Add → Add files 命令添加源文件，或者直接创建新的源文件，如图 5-2 所示。

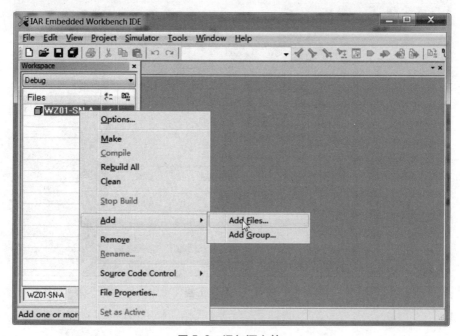

图 5-2 添加源文件

（3）按照图 5-3 ～图 5-8 进行工程配置。

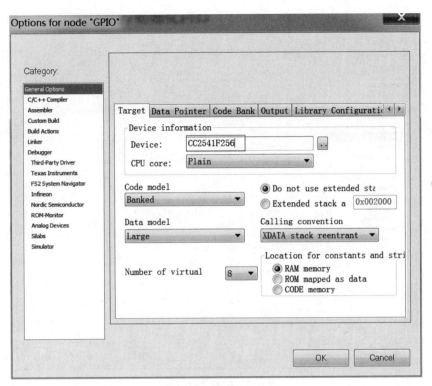

图 5-3　配置工程（一）

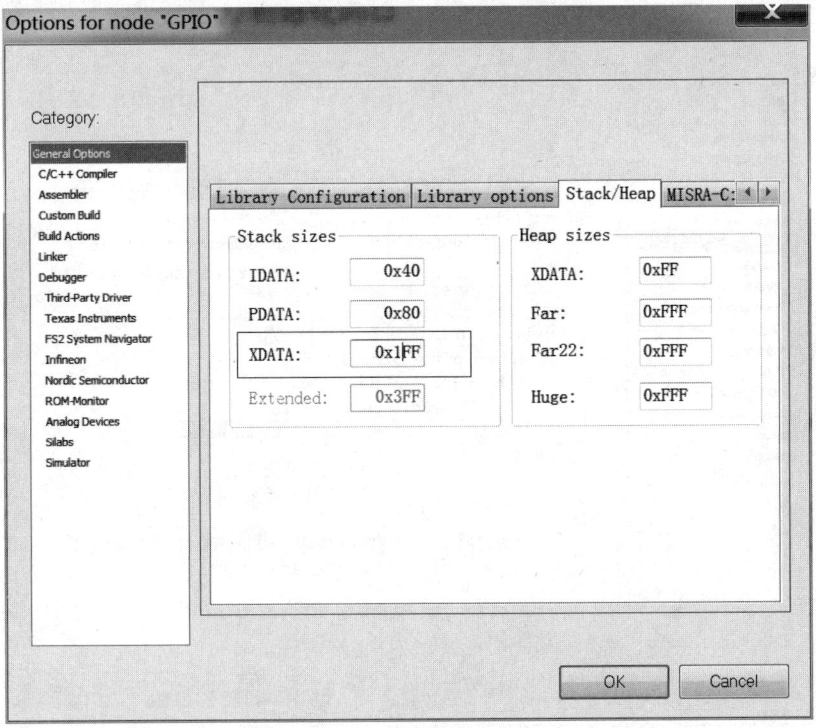

图 5-4　配置工程（二）

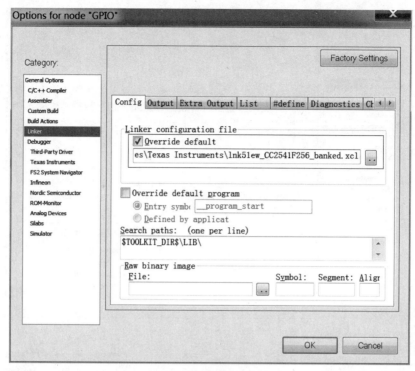

图 5-5　配置工程（三）

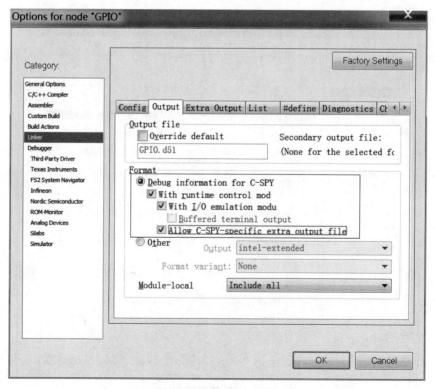

图 5-6　配置工程（四）

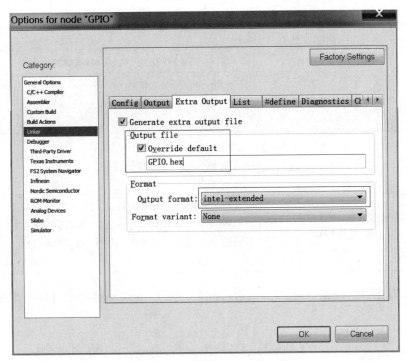

图 5-7　配置工程（五）

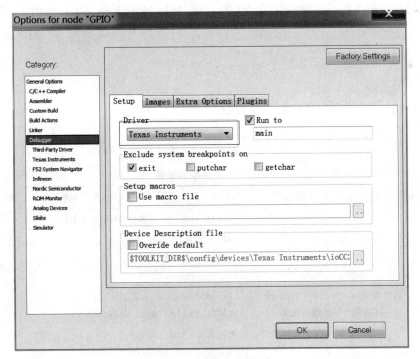

图 5-8　配置工程（六）

2. 相关寄存器

操作 P1.3 口需要掌握相关寄存器的作用和描述，如表 5-1 所示。

表 5-1 寄存器的作用和描述

寄存器	作用	描述
P1(0x90)	端口 1	端口 1。通用 I/O 端口。可以从 SFR 位寻址
P1SEL(0xF4)	端口 1 功能选择	P1.7 ~ P0.0 功能选择： 0：通用 I/O。 1：外设功能
P1DIR(0xFE)	端口 1 方向	P1.7 ~ P1.0 的 I/O 方向： 0：输入。 1：输出
P1INP(0xF6)	端口 1 输入模式	P1.7 ~ P1.2 的 I/O 输入模式。由于 P1.0 和 P1.1 没有上拉 / 下拉功能，P1INP 暂时不需要配置，了解一下为后面的实验打下基础。 0：上拉 / 下拉（见 P2INP(0xF7) - 端口 2 输入模式）。 1：三态

按照表 5-2 寄存器的设置，对 P1.3 口进行配置，当 P1.3 输出高电平时蜂鸣器被开启。所以配置如下：

```
P1SEL &=~0x08;          // 配置 P1.3 为通用 IO 口，默认为 0 的，可以不设
P1DIR |= 0x08;          //P1.3 定义为输出
```

由于 CC2530 寄存器初始化时默认值为 [参考 CC2530 数据手册（中）.pdf]：

```
P1SEL=0x00;
P1DIR |= 0xff;
P1INP=0x00;
```

所以，I/O 接口初始化可以简化初始化指令：

```
P1DIR |= 0x08;          // 配置 P1.3 为输出
```

表 5-2 寄存器的设置

寄存器	作用	描述
T1CTL(0xE4)	定时器 1 的控制和状态	T1CTL（Bit 3:2）分频器划分值，如下： 00：标记频率 /1。 01：标记频率 /8。 10：标记频率 /32。 11：标记频率 /128。 T1CTL（Bit 1:0）选择定时器 1 模式 00：暂停运行。 01：自由运行，从 0x0000 到 0xFFFF 反复计数。 10：模，从 0x0000 到 T1CC0 反复计数。 11：正计数 / 倒计数，从 0x0000 到 T1CC0 反复计数并且从 T1CC0 倒计数到 0x0000

寄 存 器	作 用	描 述
T1STAT(0xAF)	定时器 1 状态	Bit5：定时器计数器溢出中断标志。 Bit4：定时器 1 通道 4 中断标志。 Bit3：定时器 1 通道 3 中断标志。 Bit2：定时器 1 通道 2 中断标志。 Bit1：定时器 1 通道 1 中断标志。 Bit0：定时器 1 通道 0 中断标志
IRCON(0xC0)	中断标志 4	Bit1：定时器 1 中断标志。当定时器 1 中断发生时设为 1 并且当 CPU 向量指向中断服务例程时清除。 0：无中断未决。 1：中断未决

3. 关键代码分析

```c
#include <ioCC2530.h>
#define uint unsigned int
#define uchar unsigned char
// 定义控制 BUZZER 的端口
#define BUZZER P1_3              // 定义 BUZZER 为 P1.3 口控制
// 函数声明
void Delayms(uint xms);          // 延时函数
void InitBuzzer(void);           // 初始化 P1 口
void InitT1();                   // 初始化定时器 T1
/***************************
// 延时函数
***************************/
void Delayms(uint xms)           //i=xms 即延时 i 毫秒
{
    uint i,j;
    for(i=xms;i>0;i--)
    for(j=587;j>0;j--);
}
/***************************
// 初始化程序
***************************/
void InitBuzzer (void)
{
    P1DIR|=0x08;                 //P1.3 口定义为输出
    BUZZER=0;                    //BUZZER 初始化关闭
}
// 定时器初始化
void InitT1()                    // 系统不配置工作时钟时默认是 2 分频，即 16 MHz
{
    T1CTL=0x0d;                  //128 分频，自动重装 0X0000-0XFFFF
    T1STAT=0x21;                 // 通道 0，中断有效
}
/***************************
// 主函数
```

```
*************************/
void main(void)
{
    uchar count;
    InitBuzzer ();                    // 调用初始化函数
    InitT1();
    while(1)
    {
        if(IRCON>0)
        {
            IRCON=0;
            if(++count>=1)            // 约 1 s 周期性蜂鸣
            {
                count=0;
                BUZZER=!BUZZER;       //BUZZER 蜂鸣
            }
        }
    }
}
```

 任务实现

（1）将无线模块插到节点底板上，注意天线朝左。

（2）为节点底板通电。

（3）使用 IAR 软件打开随书资源中"源代码 \ 项目 5 \ 任务 1\WZ01_SN_A_V1.0.uvproj"。

（4）在主程序 main.c 中编辑前面关键代码分析中的源码，完成后保存。

（5）单击"编译"按钮，成功编译后，在工程目录下 output 文件夹中生成了"蜂鸣器外部中断控制 .hex"可执行文件。

（6）打开 SmartRF Programmer 软件（相关操作参考随书资源中"CC2530 开发套件相关软件的安装"），将仿真器连接 ZigBee 节点模块，.hex 文件下载到对应的节点模块。

注意烧录前请按图 5-9 所示进行选项设置。

（7）程序下载完毕时，当单片机 P3.2 脚连接的外设（如示波器等）发生一次下降沿时，蜂鸣器鸣叫；当 P3.2 脚连接的外设发生第二次下降沿时，蜂鸣器停止，依此循环。

任务小结

本任务主要通过编程实现节点板按键产生外部中断来控制蜂鸣器的功能，介绍了中断的基本知识及 CC2530 单片机中断调用方法，在学习过程中重点要掌握 GPIO 口的配置及中断寄存器的设置，学习中断在程序中的书写方式。

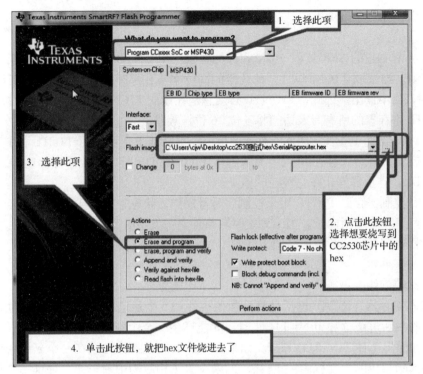

图 5-9　smartrf programmer 软件选项设置

 任务 2　**定时器控制蜂鸣器**

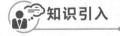 **任务描述**

在 IAR for 8050 的环境中对 CC2530 单片机定时器进行配置，通过定时器中断的方式，实现蜂鸣器的响起和停止控制。具体要求如下，初始状态蜂鸣器停止鸣叫，当定时器第 1 次中断触发时，蜂鸣器响起，当定时器再次中断触发时，蜂鸣器停止鸣叫，如此反复。

知识引入

1. 定时器介绍

定时器包括一个 16 位计数器，在每个活动时钟边沿递增或递减。活动时钟边沿周期由寄存器位 CLKCON.TICKSPD 定义，它设置全球系统时钟的划分，提供了从 0.25 ～ 32 MHz 的不同的时钟标签频率（可以使用 32 MHz XOSC 作为时钟源）。这在定时器 1 中由 T1CTL.DIV 设置的分频器值进一步划分。这个分频器值可以为 1、8、32 或 128。因此，当 32 MHz 晶振用作系统时钟源时，定时器 1 可以使用的最低时钟频率是 1953.125 Hz，最高是 32 MHz。当 16 MHz RC 振荡器用作系统时钟源时，定时器 1 可以使用的最高时钟频率是 16 MHz。

计数器可以作为一个自由运行计数器、一个模计数器或一个正计数 / 倒计数器运行，用于中心对齐的 PWM。

可以通过两个 8 位的 SFR 读取 16 位的计数器值：T1CNTH 和 T1CNTL，分别包含在高位字节和低位字节中。当读取 T1CNTL 时，计数器的高位字节在那时被缓冲到 T1CNTH，以便高位字节可以从 T1CNTH 中读出。因此，T1CNTL 必须总是在读取 T1CNTH 之前首先读取。

对 T1CNTL 寄存器的所有写入访问将复位 16 位计数器。

当达到最终计数值（溢出）时，计数器产生一个中断请求。可以用 T1CTL 控制寄存器设置启动并停止该计数器。当一个不是 00 的值写入到 T1CTL.MODE 时，计数器开始运行。如果 00 写入到 T1CTL.MODE，计数器停止在它现在的值上。

一般来说，控制寄存器 T1CTL 用于控制定时器操作。状态寄存器 T1STAT 保存中断标志。

定时器分配了一个中断向量。当下列定时器事件之一发生时，将产生一个中断请求：

（1）计数器达到最终计数值（溢出或回到零）。

（2）输入捕获事件。

（3）输出比较事件。

寄存器状态寄存器 T1STAT 包括最终计数值事件和 5 个通道比较 / 捕获事件的中断标志。仅当设置了相应的中断屏蔽位和 IEN1.T1EN 时，才能产生一个中断请求。中断屏蔽位是 n 个通道的 T1CCTLn.IM 和溢出事件 TIMIF.OVFIM。如果有其他未决中断，必须在一个新的中断请求产生之前，通过软件清除相应的中断标志。而且，如果设置了相应的中断标志，使能一个中断屏蔽位将产生一个新的中断请求。

定时器 1 的寄存器，由以下寄存器组成：

（1）T1CNTH：定时器 1 计数高位。

（2）T1CNTL：定时器 1 计数低位。

（3）T1CTL：定时器 1 控制。

（4）T1STAT：定时器 1 状态。

TIMIF.OVFIM 寄存器位驻留在 TIMIF 寄存器，和定时器 3、定时器 4 寄存器一起描述。

定时器 1 寄存器的相关说明如表 5-3 ~ 表 5-6 所示。

表 5-3　TICNTH（0xE3）——定时器 1 计数器高位

位	名　　称	复　　位	R/W	描　　述
7:0	CNT[15:8]	0x00	R	定时器计数器高字节，包含在读取 TICNTL 的时候定时计数器缓存的高 16 位

表 5-4　TICNTL（0xE2）——定时器 1 计数器低位

位	名　　称	复　　位	R/W	描　　述
7:0	CNT[7:0]	0x00	R/W	定时器计数器低字节，包括 16 位定时计数器低字节。往该寄存器中写任何值，导致计数器被清除为 0x0000，初始化所有相通道的输出引脚

表 5-5　TICTL（0xE4）——定时器 1 的控制和状态

位	名　　称	复　　位	R/W	描　　述
7:4		0000 0	R0	保留

续表

位	名　称	复　位	R/W	描　述
3:2	DIVV[1:0]	00	R/W	分频器划分值。产生主动的时钟边缘用来更新计数器，如下： 00：标记频率 /1。 01：标记频率 /8。 10：标记频率 /32。 11：标记频率 /128
1:0	MODE[1:0]	00	R/W	选择定时器 1 模式。定时器操作模式通过下列方式选择： 00：暂停运行； 01：自由运行，从 0x0000 到 0xFFFF 反复计数。 10：模。从 0x0000 到 TICC0 反复计数。 11：正计数 / 倒计数。从 0x0000 到 TICC0 反复计数并且从 TICC0 倒计数到 0x0000

表 5-6　TISTAT（0xAF）——定时器 1 状态

位	名　称	复　位	R/W	描　述
7:6		0	R0	保留
5	OVFIF	0	R/W0	定时器 1 计数器溢出中断标志。当计数器在自由运行或模式下达到最终计数值时设置，当在正 / 倒计数模式下达到零时倒计数。写 1 没有影响
4	CH4IF	0	R/W0	定时器 1 通道 4 中断标志，当通道 4 中断条件发生时设置，写 1 没有影响
3	CH3IF	0	R/W0	定时器 1 通道 3 中断标志，当通道 3 中断条件发生时设置，写 1 没有影响
2	CH2IF	0	R/W0	定时器 1 通道 2 中断标志，当通道 2 中断条件发生时设置，写 1 没有影响
1	CH1IF	0	R/W0	定时器 1 通道 1 中断标志，当通道 1 中断条件发生时设置，写 1 没有影响
0	CH0IF	0	R/W0	定时器 0 通道 4 中断标志，当通道 0 中断条件发生时设置，写 1 没有影响

2. 关键代码分析

```
#include <ioCC2530.h>
#define uint unsigned int
#define uchar unsigned char
// 定义控制 BUZZER 的端口
#define BUZZER P1_3                    // 定义 BUZZER 为 P1.3 口控制
// 函数声明
void Delayms(uint xms);               // 延时函数
void InitBuzzer(void);                // 初始化 P1 口
void InitT1();                        // 初始化定时器 T1
/*****************************
// 延时函数
*****************************/
void Delayms(uint xms)                //i=xms 即延时 i 毫秒
{
    uint i,j;
    for(i=xms;i>0;i--)
    for(j=587;j>0;j--);
}
```

```
/***************************
// 初始化程序
***************************/
void InitBuzzer (void)
{
    P1DIR|=0x08;                    //P1.3 口定义为输出
    BUZZER=0;                       //BUZZER 初始化关闭
}
// 定时器初始化
void InitT1()                       // 系统不配置工作时钟时默认是 2 分频，即 16 MHz
{
    T1CTL=0x0d;                     //128 分频，自动重装 0X0000-0XFFFF
    T1STAT=0x21;                    // 通道 0，中断有效
}
/***************************
// 主函数
***************************/
void main(void)
{
    uchar count;
    InitBuzzer ();                  // 调用初始化函数
    InitT1();
    while(1)
    {
        if(IRCON>0)
        {
            IRCON=0;
            if(++count>=1)          // 约 1 s 周期性蜂鸣
            {
                count=0;
                BUZZER=!BUZZER;     //BUZZER 蜂鸣
            }
        }
    }
}
```

任务实现

（1）将无线模块插到节点底板上，注意天线朝左。

（2）为节点底板通电。

（3）使用 IAR 软件打开随书资源中"源代码 \ 项目 5 \ 任务 2\WZ01_SN_A_V1.0.uvproj"。

（4）在主程序 main.c 中编辑前面关键代码分析中的源码，完成后保存。

（5）根据项目 5 任务 1 中的操作，进行编译选项的设置。

（6）单击"编译"按钮，成功编译后，在工程目录下 output 文件夹中生成了"定时器控制蜂鸣器 .hex"可执行文件。

（7）打开 SmartRF Programmer 软件（相关操作参考随书资源中"CC2530 开发套件相关软件的安装"），将仿真器连接 ZigBee 节点模块，hex 文件下载到对应的节点模块。

（8）程序下载完毕时，蜂鸣器交替鸣叫和停止，闪烁周期为 1 s。

**任务小结**

本任务主要是利用可编程定时器来控制节点板上蜂鸣器的鸣叫，主要讲述了 CC2530 定时器的基本知识及其相关寄存器的功能描述，在学习过程中重点掌握定时器寄存器的设置及程序中的书写方式，理解关键代码分析中断初始化中的代码功能。注意程序示例代码中的晶振频率要根据产品说明参数来设置。

任务 3   串口收发

任务描述

在 IAR for 8050 的环境中对 CC2530 单片机串口相关寄存器进行配置，传输速率为 115 200 bit/s，使用 USB 转 TTL 线缆将 CC2530 与 PC 进行串口连接，打开 PC 串行口调试助手后，可通过 PC 发送数据给 CC2530，同时 CC2530 将收到的数据转发给 PC。

知识引入

1. CC2530 串口介绍

UART 模式提供异步串行接口。在 UART 模式中，接口使用 2 线或者含有引脚 RXD、TXD、可选 RTS 和 CTS 的 4 线。 UART 模式的操作具有下列特点：

（1）8 位或者 9 位负载数据。

（2）奇校验、偶校验或者无奇偶校验。

（3）配置起始位和停止位电平。

（4）配置 LSB 或者 MSB 首先传送。

（5）独立收发中断。

（6）独立收发 DMA 触发。

（7）奇偶校验和帧校验出错状态。

UART 模式提供全双工传送，接收器中的位同步不影响发送功能。传送一个 UART 字节包含 1 个起始位、8 个数据位、1 个作为可选项的第 9 位数据或者奇偶校验位再加上 1 个或 2 个停止位。注意，虽然真实的数据包含 8 位或者 9 位，但是，数据传送只涉及一个字节。

UART 操作由 USART 控制和状态寄存器 UxCSR 以及 UART 控制寄存器 UxUCR 来控制。 这里的 x 是 USART 的编号，其数值为 0 或者 1。

当 UxCSR.MODE 设置为 1 时，就选择了 UART 模式。

当 USART 收 / 发数据缓冲器、寄存器 UxBUF 写入数据时，该字节发送到输出引脚 TXDx。UxBUF 寄存器是双缓冲的。

当字节传送开始时，UxCSR.ACTIVE 位变为高电平，而当字节传送结束时为低电平。当传送结束时，UxCSR.TX_BYTE 位设置为 1。当 USART 收 / 发数据缓冲寄存器就绪，准备接收新的发送数据时，就产生了一个中断请求。该中断在传送开始之后立刻发生，因此，当字节正在发送时，新的字节能够装入数据缓冲器。

当 1 写入 UxCSR.RE 位时，在 UART 上数据接收就开始了。然后，UART 会在输入引脚 RXDx 中寻找有效起始位，并且设置 UxCSR.ACTIVE 位为 1。当检测出有效起始位时，收到的字节就传入到接收寄存器，UxCSR.RX_BYTE 位设置为 1。该操作完成时，产生接收中断，同时 UxCSR.ACTIVE 变为低电平。

通过寄存器 UxBUF 提供收到的数据字节。当 UxBUF 读出时，UxCSR.RX_BYTE 位由硬件清 0。

注意：当应用程序读 UxDBUF 时，很重要的一点是不清除 UxCSR.RX_BYTE。清除 UxCSR.RX_BYTE 暗示 UART，使得它以为 UART RX 移位寄存器为空，即使它可能保存有未决数据（一般是由于背对背传输）。所以，UART 声明（TTL 为低电平）RT/RTS 线，这会允许数据流进入 UART，导致潜在的溢出。因此，UxCSR.RX_BYTE 标志紧密结合了自动 RT/RTS 功能，因此只能被 SoC UART 本身控制。否则，应用程序一般可以经历以下事件：RT/RTS 线保持声明（TTL 为低电平）的状态，即使一个背对背传输清楚地表明应该间歇性地停止数据流。

2. 关键代码分析

```
#include <iocc2530.h>
void initUART0(void)
{
    CLKCONCMD&=~0x40;              // 设置系统时钟源为 32 MHZ 晶振
    while(CLKCONSTA & 0x40);       // 等待晶振稳定
    CLKCONCMD &= ~0x47;            // 设置系统主时钟频率为 32 MHZ

    PERCFG=0x00;                   // 位置 1 P0 口
    P0SEL=0x0c;                    //P0 用作串行口
    P2DIR&=~0XC0;                  //P0 优先作为 UART0
    U0CSR|=0x80;                   // 串行口设置为 UART 方式
    U0GCR|=11;
    U0BAUD|=216;                   // 波特率设为 115 200
    UTX0IF=1;                      //UART0 TX 中断标志初始置为 1
    U0CSR|=0X40;                   // 允许接收
    IEN0|=0x84;                    // 开总中断，接收中断
}
void main(void)
{
    initUART0();
    while(1)
    {
        if(URX0IF==1)              // 接收状态，将接收到的数据发送出去
        {
            U0DBUF=U0DBUF;
            while(UTX0IF==0);
            UTX0IF=0;
        }
    }
}
```

任务实现

（1）将无线模块插到节点底板上，注意天线朝左。

（2）为节点底板通电。

（3）使用 IAR 软件打开随书资源中"源代码 \ 项目 5 \ 任务 2\WZ01_SN_A_V1.0.uvproj"。

（4）在主程序 main.c 中编辑前面关键代码分析中的源码，完成后保存。

（5）根据项目 5 任务 1 中的操作，进行编译选项的设置。

（6）单击"编译"按钮，成功编译后，在工程目录下 output 文件夹中生成了"串口收发 .hex"可执行文件。

（7）打开 SmartRF Programmer 软件（相关操作参考随书资源中"CC2530 开发套件相关软件的安装"），将仿真器连接 ZigBee 节点模块，hex 文件下载到对应的节点模块。

（8）程序下载完毕时，使用 PC 向 CC2530 发送数据，同时 CC2530 向 PC 转发收到的数据。

 任务小结

本任务主要是利用计算机串行口通信来与 CC2530 进行通信，主要讲述了单片机串行口的基本知识及其相关寄存器的功能描述，在学习过程中重点掌握串行口寄存器的设置及程序中的书写方式。理解关键代码分析中串行口初始化的代码功能，可以与前面任务中相关寄存器初始化代码对比，加深理解。

 **任务 4　ADC 采集温湿度**

 任务描述

在 IAR for 8050 的环境中对 CC2530 单片机 ADC 转换寄存器进行配置，通过内部 ADC 转换，将采集到的数据通过串行口的方式发送到 PC 上。

 知识引入

1. DHT11 温湿度

数字温湿度传感器 DHT11 是一款含有已校准数字信号输出的温湿度复合传感器，它应用专用的数字模块采集技术和温湿度传感技术，确保产品具有极高的可靠性和卓越的长期稳定性。传感器包括一个电阻式感湿元件和一个 NTC 测温元件，并与一个高性能 8 位单片机相连接。精度湿度 ±5%RH，温度 ±2℃，量程湿度 20% ~ 90%RH，温度 0 ~ 50℃。DHT11 所测温湿度值经由 P01 接到 CC2530 单片机的 P0.1 口。

2. ADC 采集

ADC 支持 14 位的模拟数字转换，具有多达 12 位的 ENOB（有效数字位）。它包括一个模拟多路转换器，具有多达 8 个各自可配置的通道，以及一个参考电压发生器。转换结果通过 DMA（直接内存存取）写入存储器，还具有若干运行模式。

ADC 支持多达 14 位的模拟数字转换，具有多达 12 位的 ENOB（有效数字位）。它包括一个模拟多路转换器，具有多达 8 个各自可配置的通道以及一个参考电压发生器。转换结果通过 DMA 写入存储器，还具有若干运行模式。

ADC 的主要特性如下：

（1）可选的抽取率，这也设置了分辨率（7～12位）。

（2）8 个独立的输入通道，可接收单端或差分信号。

（3）参考电压可选为内部单端、外部单端、外部差分或 AVDD5。

（4）产生中断请求。

（5）转换结束时的 DMA 触发。

（6）温度传感器输入。

（7）电池测量功率。

ADC 框图如图 5-10 所示。

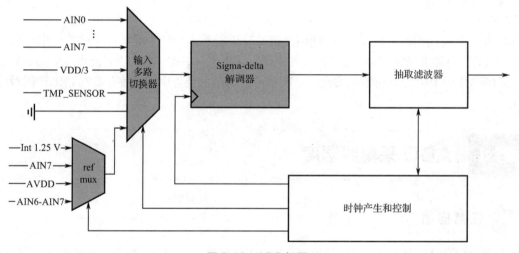

图 5-10　ADC 框图

ADC 有 3 种控制寄存器：ADCCON1、ADCCON2 和 ADCCON3。这些寄存器用于配置 ADC，并报告结果。

ADCCON1.EOC 位是一个状态位，当一个转换结束时，设置为高电平；当读取 ADCH 时，它就被清除。

ADCCON1.ST 位用于启动一个转换序列。当这个位设置为高电平时，ADCCON1.STSEL 是 11，且当前没有转换正在运行时，就启动一个序列。当这个序列转换完成，这个位就被自动清除。

ADCCON1.STSEL 位选择哪个事件将启动一个新的转换序列。该选项可以选择为外部引脚 P2.0 上升沿或外部引脚事件，之前序列的结束事件，定时器 1 的通道 0 比较事件或 ADCCON1.ST 是 1。

ADCCON2 寄存器控制转换序列是如何执行的。

ADCCON2.SREF 用于选择参考电压。参考电压只能在没有转换运行的时候修改。

ADCCON2.SDIV 位选择抽取率（并因此也设置了分辨率和完成一个转换所需的时间，或样本率）。抽取率只能在没有转换运行的时候修改。

换序列的最后一个通道由 ADCCON2.SCH 位选择。

ADCCON3 寄存器控制单个转换的通道号码、参考电压和抽取率。单个转换在寄存器 ADCCON3 写入后将立即发生，如果一个转换序列正在进行，该序列结束之后立即发生。该寄存器位的编码和 ADCCON2 是完全一样的。

数字转换结果以 2 的补码形式表示。对于单端配置，结果总是为正。这是因为结果是输入信号和地面之间的差值，它总是一个正符号数（$V_{conv}=V_{inp}-V_{inn}$，其中 $V_{inn}=0V$）。当输入幅度等于所选的电压参考值 V_{REF} 时，达到最大值。对于差分配置，两个引脚对之间的差分被转换，这个差分可以是负符号数。对于抽取率是 512 的一个数字转换结果的 12 位 MSB，当模拟输入 V_{conv} 等于 V_{REF} 时，数字转换结果是 2047。当模拟输入等于 $-V_{REF}$ 时，数字转换结果是 -2048。

当 ADCCON1.EOC 设置为 1 时，数字转换结果是可以获得的，且结果放在 ADCH 和 ADCL 中。注意，转换结果总是驻留在 ADCH 和 ADCL 寄存器组合的 MSB 段中。

当读取 ADCCON2.SCH 位时，它们将指示转换在哪个通道上进行。ADCL 和 ADCH 中的结果一般适用于之前的转换。如果转换序列已经结束，ADCCON2.SCH 的值大于最后一个通道号码，但是如果最后写入 ADCCON2.SCH 的通道号码是 12 或更大，将读回同一个值。

ADC 控制寄存器的相关描述如表 5-7 所示。

表 5-7　ADC 控制寄存器的相关描述

寄 存 器	位	描 述
ADCCON1(0xB4)-ADC 控制 1	Bit[7] EOC	转换结束，当 ADCH 被读取的时候清除，如果已读取前一数据之前，完成一个新的转换，EOC 位仍然为高。 0：转换没有完成。 1：转换完成
	Bit[6] ST	开始转换。读为 1，直到转换完成： 0：没有转换正在进行。 1：如果 ADCCON1.STSEL=11 并且没有序列正在运行就启动一个转换序列
	Bit[5:4] STSEL	启动选择。选择该事件，将启动一个新的转换序列： 00：P2.0 引脚的外部触发。 01：全速，不等待触发器。 10：定时器 1 通道 0 比较事件。 11：ADCCON1.ST=1
	Bit[3:2] RCTRL	控制 16 位随机数发生器，当写 01 时，当操作完成时自动返回到 00： 00：正常运行，(13X 型展开)。 01：LFSR 的时钟一次（没有展开）。 10：保留。 11：停止，关闭随机数发生器
	Bit[1:0]	保留，一直设为 11

寄 存 器	位	描　　述
ADCCON2(0xB5)–ADC 控制2	Bit[7:6]SREF	选择参考电压用于序列转换： 00：内部参考电压。 01：AIN7 引脚上的外部参考电压。 10：AVDD5 引脚。 11：AUB6—AIN7 差分输入外部参考电压
	Bit[5:4]SDIV	为包含在转换序列内的通道设置抽取率；抽取率也决定完成转换需要的时间和分辨率： 00：64 抽取率（7 位 ENOB）。 01：128 抽取率（9 位 ENOB）。 10：256 抽取率（10 位 ENOB）。 11：512 抽取率（12 位 ENOB）
	Bit[3:0]SCH	序列通道选择。选择序列结束。一个序列可以是从 AIN0 到 AIN7（SCH<=7）也可以从差分转入 AIN0—AIN1 到 AIN6—AIN7（8<=SCH<=11）。对于其他的设置，只能执行单个转换。当读取的时候，这些位将代表有转换进行的通道号码。 0000：AIN0　　　0001：AIN1　　　0010：AIN2 0011：AIN3　　　0100：AIN4　　　0101：AIN5 0110：AIN6　　　0111：AIN7 1000：AIN0—AIN1　　　1001：AIN2—AIN3 1010：AIN4—AIN5　　　1011：AIN6—AIN7 1100：GND　　　1101：正电压参考 1110：温度传感器　　　1111：VDD/3
ADCCON3(0xB6)–ADC 控制6	和 ADCCON2 基本相同，Bit[3:0] 有点差异	Bit[3:0] 单个通道选择。选择写 ADCCON3 触发的单个转换所在的通道号码。当单个转换完时，该位自动清除
TR0(0x624B)– 测试寄存器 0	Bit[0]	设置为 1 来连接温度传感器到 SOC_ADC
ATEST(0x61BD)– 模拟测试控制	Bit[5:0]	控制模拟测试模式： 00 0001：使能温度传感器。其他值保留
CLKCCONCMD 时钟控制命令	Bit[7]OSC32K	32 kHz 时钟振荡器选择： 0：32 kHz XOSC　　　1：32 kHz RCOSC
	Bit[6]OSC	系统时钟源选择： 0：32 MHz XOSC　　　1：16 MHz RCOSC

寄存器	位	描述
CLKCCONCMD 时钟控制命令	Bit[5:3]TICKSPD	定时器标记输出设置： 000：32 MHz　　001：16 MHz　010：8 MHz 011：4 MHz　　100：2 MHz　101：1 MHz 110：500 kHz　111：250 kHz
	Bit[2:0]CLKSPD	时钟速度： 000：32 MHz　001：16 MHz　010：8 MHz 011：4 MHz　100：2 MHz　101：1 MHZ 110：500 kHz　111：250 kHz
CLKCONSTA		CLKCONSTA 寄存器是一个只读寄存器，用来获得当前时钟状态

3. 关键代码分析

```c
#include "ioCC2530.h"
#include "initUART_Timer.h"
#include "stdio.h"
#include "string.h"
#include "LCD.h"
INT16 AvgTemp;
/*******************************************************
温度传感器初始化函数
*******************************************************/
void initTempSensor(void){
DISABLE_ALL_INTERRUPTS();              // 关闭所有中断
InitClock();                           // 设置系统主时钟为 32M
*((BYTE __xdata*) 0x624B)=0x01;        // 开启温度传感器,TR0 的地址为 0x624B
*((BYTE __xdata*) 0x61BD)=0x01;        // 将温度传感器与 ADC 连接起来,ATEST 的地址为 0x61BD
}
/*******************************************************
读取温度传感器 AD 值函数
*******************************************************/
INT8 getTemperature(void){
    UINT8 i;
    UINT16 AdcValue;
    UINT16 value;
    AdcValue=0;
    for( i=0; i<4; i++ )
    {
        ADC_SINGLE_CONVERSION(ADC_REF_1_25_V | ADC_14_BIT | ADC_TEMP_SENS);
// 使用 1.25 V 内部电压, 12 位分辨率, AD 源为：温度传感器
        ADC_SAMPLE_SINGLE();            // 开启单通道 ADC
        while(!ADC_SAMPLE_READY());    // 等待 AD 转换完成
        value=ADCL >> 2;               //ADCL 寄存器低 2 位无效
        value|=(((UINT16)ADCH) << 6);
        AdcValue+=value;               //AdcValue 被赋值为 4 次 AD 值之和
```

```
    }
    value=AdcValue>>2;                  // 累加除以 4，得到平均值
    return ADC14_TO_CELSIUS(value);  // 根据 AD 值，计算出实际的温度
}
/*****************************************************************
主函数
*****************************************************************/
void main(void)
{
    char i;
    char TempValue[30]={0};
    InitUART0();                        // 初始化串口
    initTempSensor();                   // 初始化 ADC
    LCD_Init();                         // 初始化 LCD
    LCD_CLS();
    LCD_welcome();
    while(1)
    {
        AvgTemp=0;
        for(i=0 ; i<64 ; i++)
        {
            AvgTemp+=getTemperature();
            AvgTemp>>=1;                // 每次累加后除 2.
        }
        memset(TempValue, 0, 30);
        sprintf(TempValue, "ADTestRead=%dC", (INT8)AvgTemp);
        UartTX_Send_String(TempValue,strlen(TempValue));
        UartTX_Send_String("\n",1);
        LCD_P8x16Str(0, 4, (unsigned char*)TempValue);
        Delay(50000);
    }
}
```

任务实现

（1）将无线模块插到节点底板上，注意天线朝左。

（2）为节点底板通电。

（3）使用 IAR 软件打开随书资源中"源代码 \ 项目 5 \ 任务 2\WZ01_SN_A_V1.0.uvproj"。

（4）在主程序 main.c 中编辑前面关键代码分析中的源码，完成后保存。

（5）根据项目 5 任务 1 中的操作，进行编译选项的设置。

（6）单击"编译"按钮，成功编译后，在工程目录下 output 文件夹中生成了"ADC 采集温湿度 .hex"文件。

（7）打开 SmartRF Programmer 软件（相关操作参考随书资源中"CC2530 开发套件相关软件的安装"），将仿真器连接 ZigBee 节点模块，hex 文件下载到对应的节点模块。

（8）程序下载完毕时，使用 PC 串口调试助手可看到 CC2530 发来的温湿度数据。

任务小结

本任务主要是利用 CC2530 系列单片机 ADC 采集传感器数据，串口发送到计算机串口助手中显示，主要讲述了单片机 ADC 的基本知识及其相关寄存器的功能描述，在学习过程中重点掌握 ADC 模数转换寄存器的设置及程序中的书写方式。理解关键代码分析中对 ADC 的初始化的代码功能。

任务 5 把关定时器的应用

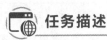

任务描述

把关定时器（WDT，俗称看门狗）是在软件跑飞的情况下 CPU 自恢复的一个方式，当软件在选定的时间间隔内不能置位时，可通过看门狗复位系统。看门狗可用于电噪声、电源故障或静电放电等恶劣工作环境或高可靠性要求的环境。如果系统不需要应用看门狗，则 WDT 可配置成间隔定时器，在选定时间间隔内产生中断。WDT 的特性如下：4 个可选择的时间间隔看门狗定时器模式下产生中断请求时钟独立于系统时钟。WDT 包括一个 15 位定时/计数器，它的频率由 32.768 kHz 的晶振。

主循环中使用看门狗清除序列，则系统不复位，蜂鸣器响一声之后就不响了，否则一直响。

知识引入

1. CC2530 内部看门狗介绍

系统复位之后，看门狗定时器就被禁用。要设置 WDT 在看门狗模式，必须设置 WDCTL.MODE[1:0] 位为 10 。然后，看门狗定时器的计数器从 0 开始递增。在看门狗模式下，一旦定时器使能，就不可以禁用定时器，因此，如果 WDT 位已经运行在看门狗模式下，再往 WDCTL.MODE[1:0] 写入 00 或 10 就不起作用了。

WDT 运行在一个频率为 32.768 kHz（当使用 32 kHz XOSC）的看门狗定时器时钟上。这个时钟频率的超时期限等于 1.9 ms, 15.625 ms, 0.25 s 和 1s，分别对应 64、512、8 192 和 32 768 的计数值设置。

如果计数器达到选定定时器的间隔值，看门狗定时器就为系统产生一个复位信号。如果在计数器达到选定定时器的间隔值之前，执行了一个看门狗清除序列，计数器就复位到 0，并继续递增。看门狗清除的序列包括在一个看门狗时钟周期内，写入 0xA 到 WDCTL.CLR[3:0]，然后写入 0x5 到同一个寄存器位。如果这个序列没有在看门狗周期结束之前执行完毕，看门狗定时器就为系统产生一个复位信号。

当看门狗模式下，WDT 使能，就不能通过写入 WDCTL.MODE[1:0] 位改变这个模式，且定时器间隔值也不能改变。

在看门狗模式下，WDT 不会产生一个中断请求。

在一般定时器模式下设置 WDT，必须把 WDCTL.MODE[1:0] 位设置为 11。定时器就开始，且计数器从 0 开始递增。当计数器达到选定间隔值，定时器将产生一个中断请求（IRCON2.WDTIF/IEN2.WDTIE）。

在定时器模式下，可以通过写入 1 到 WDCTL.CLR[0] 来清除定时器内容。当定时器被清除时，计数器的内容就置为 0。写入 00 或 01 到 WDCTL.MODE[1:0] 来停止定时器，并清除它为 0。

定时器间隔由 WDCTL.INT[1:0] 位设置。在定时器操作期间，定时器间隔不能改变，且当定时器开始时必须进行设置。在定时器模式下，当达到定时器间隔时，不会产生复位。注意如果选择了看门狗模式，定时器模式不能在芯片复位之前选择。看门狗定时器控制寄存器及其相关描述如表 5-8 所示。

表 5-8　DCTL (0xC9)——看门狗定时器控制寄存器及其相关描述

位	名　称	复　位	R/R	描　述
7:4	CLR[3:0]	0000	R0/W	清除定时器，当 0xA 跟随 0x5 写到这些位，定时器被清除（即加载 0）。注意定时器仅写入 0xA 后，在 1 个看门狗时钟周期内写入 0x5 时被清除。当看门狗定时器是 IDLE 时写这些位没有影响。当运行在定时器模式时，定时器可以通过写 1 到 CLR[0]（不管其他 3 位）被清除为 0x0000（但是不停止）
3:2	MODE[1:0]	00	R/W	模式选择。该位用于启动 WDT 处于看门狗模式还是定时器模式。当处于定时器模式时，设置这些位为 IDLE 将停止定时器。注意：当运行在定时器模式时要转换到看门狗模式，首先停止 WDT，然后启动 WDT 处于看门狗模式。当运行在看门狗模式时，写这些位没有影响。 00：IDLE。 01：IDLE（未使用，等于 00 设置）。 10：看门狗模式。 11：定时器模式
1:0	INT[1:0]	00	R/W	定时器间隔选择。这些位选择定时器间隔定义为 32 kHz 振荡器周期的规定数。注意间隔只能在 WDT 处于 IDLE 时改变，这样间隔必须在定时器启动的同时设置。 00：定时周期 ×32,768（～1 s）当运行在 32 kHz XOSC。 01：定时周期 ×8192（～0.25 s）。 10：定时周期 ×512（～15.625 ms）。 11：定时周期 ×64（～1.9 ms）

2. 关键代码分析

```
# include <ioCC2530.h>
#define uint unsigned int
#define BUZZER P1_3                    // 定义 BUZZER 为 P1.3 口控制

void Initial(void)
{
    P1DIR|=0x08;                       //P1.3 定义为输出
    BUZZER=0;
    BUZZER=1;
    BUZZER=1;
}
```

```
void Init_Watchdog(void)
{
WDCTL=0x00;
// 时间间隔 1 s，看门狗模式
WDCTL|=0x08;
// 启动看门狗
}
void SET_MAIN_CLOCK(source)
{
    if(source){
    CLKCONCMD|=0x40;
    while(!(CLKCONSTA &0X40));          // 待稳
}
else{
        CLKCONCMD&=~0x47;                 // 晶振
        while((CLKCONSTA &0X40));         // 待稳
    }
}
void FeetDog(void)
{
    WDCTL=0xa0;
    WDCTL=0x50;
}
void Delay(uint n)
{
    uint i;
    for(i=0;i<n;i++);
    for(i=0;i<n;i++);
    for(i=0;i<n;i++);
    for(i=0;i<n;i++);
    for(i=0;i<n;i++);
}
void main(void)
{
    SET_MAIN_CLOCK(0) ;
    Initial();
    Init_Watchdog();
    Delay(1000);
    BUZZER=0;
    Delay(1000);
    while(1)
{
    //FeetDog();
}   // 喂狗指令（加入后系统不复位，蜂鸣器不再蜂鸣）
}
```

任务实现

（1）将无线模块插到节点底板上，注意天线朝左。

（2）为节点底板通电。

（3）使用 IAR 软件打开随书资源中"源代码\项目 5\任务 2\WZ01_SN_A_V1.0.uvproj"。

（4）在主程序 main.c 中编辑前面关键代码分析中的源码，完成后保存。

（5）根据项目 5 任务 1 中的操作，进行编译选项的设置。

（6）单击"编译"按钮，成功编译后，在工程目录下 output 文件夹中生成了"ADC 采集温湿度 .hex"文件。

（7）打开 SmartRF Programmer 软件（相关操作参考随书资源中"CC2530 开发套件相关软件的安装"），将仿真器连接 ZigBee 节点模块，hex 文件下载到对应的节点模块。

（8）程序下载完毕时，可验证主循环中使用喂狗语句，则系统不复位，蜂鸣器响一声之后就不响了，否则一直响。

任务小结

本任务主要是利用 CC2530 系列单片机内部看门狗，主要讲述了单片机看门狗的基本知识及其相关寄存器的功能描述。在学习过程中重点掌握内部看门狗寄存器的设置及程序中的书写方式。理解关键代码分析中对看门狗的初始化和喂狗的代码功能。

知识拓展

功耗运行是通过不同的运行模式（供电模式）使能的。各种运行模式指的是主动模式、空闲模式和供电模式 1、2 和 3(PM1 ～ PM3)。超低功耗运行的实现通过关闭电源模块以避免静态功耗，还通过使用门控时钟和关闭振荡器来降低动态功耗。

不同的运行模式或供电模式用于低功耗运行。超低功耗运行的实现通过关闭电源模块以避免静态（泄漏）功耗，还通过使用门控时钟和关闭振荡器来降低动态功耗。

有 5 种不同的运行模式（供电模式）：主动模式、空闲模式、PM1、PM2 和 PM3。主动模式是一般模式，而 PM3 具有最低的功耗。

（1）主动模式：完全功能模式。稳压器的数字内核开启，16 MHz RC 振荡器或 32 MHz 晶体振荡器运行，或者两者都运行。32 kHz RCOSC 振荡器或 32 kHz XOSC 运行。

（2）空闲模式：除了 CPU 内核停止运行（即空闲），其他和主动模式一样。

（3）PM1：稳压器的数字部分开启。32 MHz XOSC 和 16 MHz RCOSC 都不运行，32 kHz RCOSC 或 32 kHz XOSC 运行。复位、外部中断或睡眠定时器过期时系统将转到主动模式。

（4）PM2：稳压器的数字内核关闭。32 MHz XOSC 和 16 MHz RCOSC 都不运行。32 kHz RCOSC 或 32 kHz XOSC 运行。复位、外部中断或睡眠定时器过期时系统将转到主动模式。

（5）PM3：稳压器的数字内核关闭，所有的振荡器都不运行。复位或外部中断时系统将转到主动模式。

PM2/PM3 下 POR（Power on Rest，上电高位）是活跃的，但是 BOD（Brown Out Detector，掉电检测）是掉电的，这给出了一个限制电压管理。如果 PM2/PM3 期间电压降至低于 1.4 V，温度是 70℃或更高，并且重新进入主动模式之前，回到合适的运行电压，寄存器和 RAM 在 PM2/PM3 下保存的内容可能会改变。因此，在设计系统电压时要小心，以确保这种情况不会发生。电压可以通过进入主动模式进行精确的定期监控，因为如果电压低于 1.7 V 就触发一个 BOD 复位。

本项目中所有任务均可使用 CC2530 特定的低功耗模式运行，使用定时器进行定时唤醒，使用者可进行下一步的研究。

项目总结

本项目以目前比较常用的 CC2530 单片机为研究对象，在融会贯通单片机应用所需基础知识的基础上，结合物联网工程的岗位人才需求，给出 5 个任务，任务 1 在单片机外部中断学习的基础上，掌握中断的概念与应用；任务 2 主要学习单片机定时器功能的配置并学会如何使用定时器中断；任务 3 主要讲单片机的全双工异步串行通信接口（UART）的概念与应用；任务 4 主要讲解 ADC 模数转换的常见应用；任务 5 主要讲解 CC2530 内部看门狗在程序运行过程中的重要作用。完成 CC2530 单片机常用功能开发，为项目 6 传感网络的实现打下坚实的基础。

常见问题解析

（1）TI（得州仪器）提供了两种给 CC2530 下载程序的方式：①使用 IAR + CC DEBUGGER；②使用 IAR + SmartRF Flash Programmer + CC DEBUGGER。这两者各有什么优点和缺点？

使用 IAR + CC DEBUGGER：这种方法可以烧写程序，但是更多的是偏于对程序在线调试用的，设置断点，单步调试等。

使用 IAR + SmartRF Flash Programmer + CC DEBUGGER： 直接生成 Hex 文件进行烧写，用于批量节点进行程序烧写，比较方便。

（2）刚打开工程没报错，但是一编译就报了如图 5-11 所示的错误。

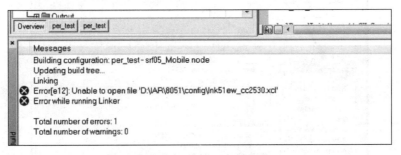

图 5-11 第（2）题图示

此问题应该是在工程与选择的器件不匹配造成的，解决方法如下：

● 打开 Project 菜单，如图 5-12 所示。

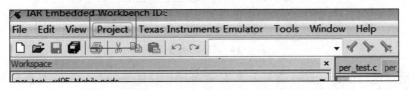

图 5-12 打开 Project 菜单

● 选择 Options 命令并打开，如图 5-13 所示。

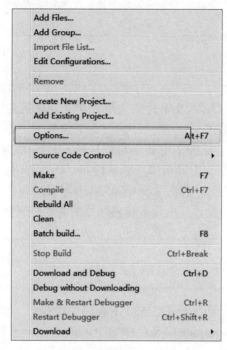

图 5-13　选择 Options 命令

● 打开 Options，然后按照图 5-14 中的步骤一步步进行操作。

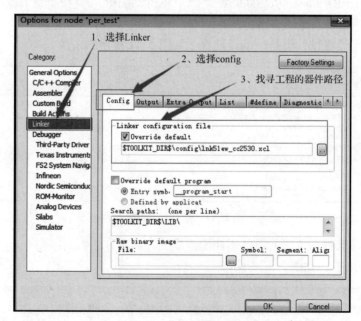

图 5-14　Options 对话框

● 最终选择器件的路径（这可能与大家安装的 IAR 软件路径有一定的关系但是最终选择是按照这个路径所示操作）如图 5-15 所示。

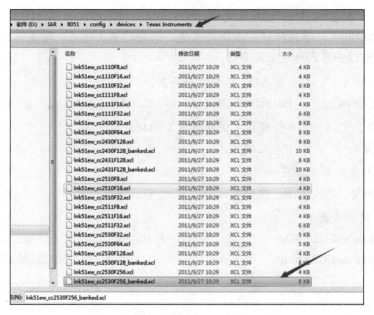

图 5-15 选择器件的路径

设置完成后就可以进行编译，如果出现以下错误：

```
Fatal Error[e72]: Segment BANKED_CODE must be defined in a segment definition
option (-Z, -b or -P)
```

是因为 banked 的 xcl 文件选择不正确，需要按照上面的步骤重新设置一遍。

习 题

一、选择题

1. 以下（　　　　）接口为常用的通信接口。

    A. RS232C   B. RS555A   C. RS484   D. RS856

2. 以下是 CC2530 端口 0 方向寄存器的是（　　　　）。

    A. POSEL   B. PLSEL   C. PODIR   D. POINP

3. 下面（　　　　）不是单片机中的定时/计数器一般具有的功能。

    A. 定时器功能   B. 计数器功能   C. 捕获功能   D. 中断功能

4. CC2530 的 ADC 模块有（　　　　）种工作模式。

    A. 2   B. 3   C. 4   D. 5

5. 以下（　　　　）是 CC2530DMA 控制器的功能。

    A. 3 个独立的 DMA 通道

B. 5 个可以配置的 DMA 通道优先级

C. 4 种传输模式：单次传送、数据块传送、重复的单次传送、重复的数据块传送

D. 30 个可以配置的传送触发事件

6. 下列选项中，（　　　　）是 ADC 的控制寄存器。

A. ADCCON8　　　　B. ADCCON0　　　　C. ADCCON5　　　　D. ADCCON3

7. CC2530 的（　　　）运行模式（供电模式）功耗最低。

A. 主动模式　　　　B. 空闲模式　　　　C. PM1　　　　D. PM3

8. 定时器 3 和定时器 4 各有一个（　　　　）。

A. 中断向量　　　　B. 中断禁止　　　　C. 中断停止　　　　D. 中断运行

9. 2530 头文件格式是（　　　　）。

A. #include "ioCC2530.h"　　　　　　B. #include ioCC2530.h

C. #include <ioCC2530.h>　　　　　　D. #include "ioCC2530.c"

项目 6

传感网络的实现

项目引入

在物联网应用中，传感器负责采集信息，利用各种无线通信技术，可以实现各节点之间的数据传送和控制，组成无线传感网络，网络中各节点在网络中承担不同的角色，实现不同的功能。ZigBee 协议在无线传感网中应用广泛，是目前的主流技术。本项目无线通信是基于 ZigBee 协议栈开发的。

学习目标

- 了解无线传感网的基本概念。
- 了解 Z-Stack 协议栈的结构及概念。
- 理解协调器、路由器及终端节点的基本概念。
- 能够实现 ZigBee 无线网络的点对点通信的方法。

项目描述

通过人体、温湿度、射频识别、光敏及可燃气等传感器的信息采集，利用 ZigBee 无线网络通信，实现对应设备的智能控制。

工作任务

- 任务 1　人体感应灯的开关
- 任务 2　温度感应风扇的启停
- 任务 3　射频识别卡号的播报
- 任务 4　楼梯感应灯的实现
- 任务 5　仓库自动通风的控制

任务 1　人体感应灯的开关

 任务描述

利用人体红外模块采集人体感应信息为有人状态时，向继电器模块发送指令，点亮灯泡；当人体红外模块采集人体感应信息为无人状态时，向继电器模块发送指令，延时 5 s，熄灭灯泡。

知识引入

1. 无线传感网简介

简单地说，无线传感网就是多个功能节点之间通过无线通信形成一个连接的网络，实现相应功能。目前流行的无线通信主要有蓝牙、Wi-Fi 技术、超宽频、近短距无线传输、ZigBee、Lora、NB-iot 等技术。

无线传感网具备自组织方式组网、无中心结构、网络有动态拓扑、采用多跳路由通信、高冗余、硬件资源及功能有限、电源续航能力较小等特点。

无线传感器网络主要涉及网络自组织连接技术（功率和层次结构）、网络覆盖控制技术、网络无线通信技术、定位技术、网络安全技术、能量获取技术等。

2. Z-Stack 协议栈

协议是一系列的通信标准，通信双方需要共同按照这一标准进行正常的数据发射和接收。协议栈是协议的具体实现形式，通俗地理解就是协议栈是协议和用户之间的一个接口，开发人员通过使用协议栈来使用这个协议，进而实现无线数据收发。ZigBee 协议栈一般分为四层：物理层 (PHY)、媒体访问控制层 (MAC)、网络层 (NWK) 及应用层 (APL)，如图 6-1 所示。

每一层为其上层提供特定的服务：由数据服务实体提供数据传输服务；管理实体提供所有的其他管理服务。每个服务实体通过相应的服务接入点 (SAP) 为其上层提供一个接口，每个服务接入点通过服务原语来完成所对应的功能。

PHY 层 (物理层) 规定了所使用的频段,以及所使用的编码、调制、扩频、调频等无线传输技术,是实现点到点之间的信号发射与接收的基础。

MAC 层的主要作用规定了无线信道的访问控制机制，规定各个设备轮流使用信道的规则。

网络层的主要作用是负责设备的连接和断开、在帧数据传递时采用的安全机制、路由发现和维护，保障设备之间的组网和网络节点间的数据传输。ZigBee 技术支持多跳路由，可以实现星状拓扑、树状拓扑和网状拓扑等不同的网络拓扑结构。

PHY & MAC & NWK 这三层协议，主要是为了上面的应用层服务的，在产品开发过程中，不需要深入涉及这三层协议的实现细节，应用层才是开发关注的部分。应用层内部又分了三个部分：包括应用框架、应用支持子层 (APS) 及 ZigBee 设备对象 (ZDO)。应用框架中至少包含一个应用程序对象，也就是 ZigBee 设备的应用程序，是 ZigBee 产品开发人员所要实现的部分。

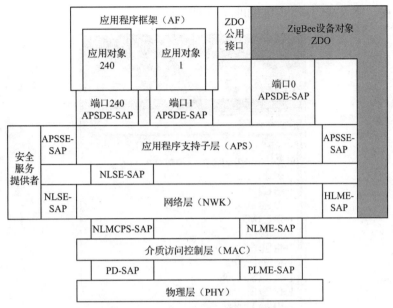

图 6-1 Z-Stack 协议栈体系结构

协议栈是协议的实现，可以理解为代码、函数库，供上层应用调用，协议较底下的层与应用是相互独立的。商业化的协议栈就是写好了底层的代码，符合协议标准，提供一个功能模块调用。开发者需要关心的就是应用逻辑，数据从哪里到哪里，怎么存储、处理；还有想要的网络；当从一个设备发数据到另一个设备时，调用无线数据发送函数；当然，接收端就调用接收函数；当设备空闲的时候，就调用睡眠函数；工作的时候就调用唤醒函数。所以，当作具体应用时，不需要关心协议栈是怎么写的，里面的每条代码是什么意思，除非要做协议研究。每个厂商的协议栈有区别，也就是函数名称和参数可能有区别，这要看具体的例子、说明文档。

怎么使用 ZigBee 协议栈？举个例子，用户实现一个简单的无线数据通信时的一般步骤：

（1）组网：调用协议栈的组网函数、加入网络函数，实现网络建立与节点的加入。

（2）发送：发送节点调用协议栈的无线数据发送函数，实现无线数据发送。

（3）接收：接收节点调用协议栈的无线数据接收函数，实现无线数据接收。

至于调用该函数后，如何初始化硬件进行数据发送等工作，用户不需要关心，ZigBee 协议栈已经将所需要的工作做好了，我们只需要调用相应的 API 函数即可，而不必关心具体实现细节。

3. Z-Stack 协议栈的下载安装

ZigBee 协议栈，被全球很多企业广泛采用的一种商业级协议栈，不同厂家提供的协议栈可能有所不同。开发者可以在厂家提供的地址下载 Z-Stack 协议栈。

解压随书资源中"软件工具"目录下"ZStack-CC2530-2.3.0-1.4.0 协议栈安装文件 .rar"文件，解压得到 .exe 文件，双击进行安装，路径可以选择默认，同样也可以选择所要安装的位置。其实所谓的安装协议栈只是把一些文件解压到指定安装的目录下。协议栈安装完成后，协议栈的目录主要包含：Components 目录，里面放了一些用户用到的 ZDO、driver、hal、zcl 等库的代码文件；Projects 目录，这个文件夹放的是 TI 协议栈的例子程序，用户平时进行程序开发一般都是基于这些例程进行的。

打开一个工程，协议栈的目录架构如图 6-2 所示。

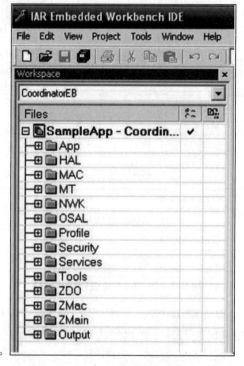

图 6-2　Z-Stack 协议栈目录结构

各目录功能分析如下：

（1）APP：应用层目录，这是用户创建各种不同工程的区域，在这个目录中包含了应用层的内容和这个项目的主要内容，在协议栈里面一般是以操作系统的任务实现的。

（2）HAL：硬件层目录，包含有与硬件相关的配置和驱动及操作函数。

（3）MAC：MAC 层目录，包含了 MAC 层的参数配置文件及其 MAC 的 LIB 库的函数接口文件。

（4）MT：监控调试层，主要用于调试目的，即实现通过串口调试各层，与各层进行直接交互。

（5）NWK：网络层目录，含网络层配置参数文件及网络层库的函数接口文件，APS 层库的函数接口。

（6）OSAL：协议栈的操作系统。

（7）Profile：AF 层目录，包含 AF 层处理函数文件。

（8）Security：安全层目录，安全层处理函数接口文件，如加密函数等。

（9）Services：地址处理函数目录，包括地址模式的定义及地址处理函数。

（10）Tools：工程配置目录，包括空间划分和 Zstack 相关的配置信息。

（11）ZDO：ZDO 目录。

（12）ZMac：MAC 层目录，包括 MAC 层参数配置及 MAC 层 LIB 库函数回调处理函数。

（13）ZMain：主函数目录，包括入口函数 main() 及硬件配置文件。

（14）Output：输出文件目录层，这个 EW8051 IDE 自主设计的。

ZigBee 协议栈工作流程如图 6-3 所示。

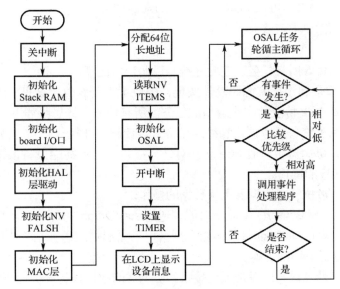

图 6-3　zigbee 协议栈工作流程

4.ZigBee 网络

（1）网络节点类型：在 ZigBee 网络中存在 3 种设备类型：协调器（Coordinator）、路由器（Router）和终端设备（End-Device）。

协调器是每个独立的 ZigBee 网络中的核心设备，主要角色是负责建立和配置网络，负责选择一个信道和一个网络 ID（也称 PAN ID），启动整个 ZigBee 网络。当 ZigBee 网络建立完成后，可以作为普通节点功能使用。

路由器的作用是允许其他设备加入网络，多跳路由协助终端设备通信。一般情况，路由器需要一直处于工作状态，必须使用电力电源供电。但是，当使用树状网络拓扑结构时，允许路由器间隔一定的周期操作一次，则路由器可以使用电池供电。

终端设备是 ZigBee 实现低功耗的核心，它的入网过程和路由器是一样的。终端设备没有维持网络结构的职责，所以它并不是时刻都处在接收状态的，大部分情况下它都将处于 IDLE 或者低功耗休眠模式。因此，它可以由电池供电。

终端设备通过"心跳"周期性同自己的父节点进行通信，询问是否有发给自己的消息，心跳周期也是在 f8wConfig.cfg 文件中配置的：-DPOLL_RATE=1000。Zstack 默认的心跳周期为1 000 ms，终端节点每 1s 会同自己的父节点进行一次通信，处理属于自己的信息。

（2）信道：ZigBee 采用的是免执照的工业科学医疗（ISM）频段，所以 ZigBee 使用了 3 个频段，分别为：868 MHz（欧洲）、915 MHz（美国）、2.4 GHz（全球）。

（3）PANID：其全称是 Personal Area Network ID，在一个 ZigBee 网络中只有一个 PANID，主要用于区分不同的网络，从而允许同一地区可以同时存在多个不同 PANID 的 ZigBee 网络。

组建一个 ZigBee 网络，必须确定一个协调器，同时网络中所有节点具有一个相同的 PID、一个相同的信道。

提示：在 f8wConfig.cfg 文件中：

- 信道设置为：–DDEFAULT_CHANLIST=0x00020000 // 17 – 0x11。
- PANID 设置为：–DZDAPP_CONFIG_PAN_ID=0x4681。

可根据程序设计的需要进行修改。

5. 任务分析

本部分内容适合项目 5 所有任务，在此处统一说明，后面不再重述。

ZigBee 网络的组建是利用厂家源码功能实现，一般不需要修改，这里对组网过程不做详细介绍。本教材中，基于 Z-stack 协议栈实现通信的任务。所有任务设计思路如下：

网络中主要存在两类设备：协调器和终端设备（含传感器和执行器）。传感器终端设备负责采集信息向协调器发送；协调器负责收集信息并对外广播；执行器终端设备依据条件判断，接收协调器的广播信息执行相应的操作。

（1）传感器节点一般执行向协调器上报数据的操作。

节点根据类型利用 readsensor() 函数获取值，通过 sendDummyReport() 函数按数据协议格式封装好数据，并调用 zb_SendDataRequest() 函数在网络中广播形式发送。相关协议格式解析及函数功能分析在后面的代码分析中详细讲解。

（2）执行器节点（继电器）一般是根据接收到协调器的数据执行开关操作。

节点通过 zb_ReceiveDataIndication() 函数获取协调器广播信息中属于自己的数据，并且在接收数据的过程中，通过在协议栈系统接口中设置条件执行操作。

（3）协调器在网络中实现数据接收和转发操作。

节点通过 zb_ReceiveDataIndication() 函数获取传感器节点发送来的信息，根据转发目标设备特征进行数据封装，最后通过 zb_SendDataRequest() 函数实现数据转发。

项目 5 中任务实现软件环境需要 IAR Embedded Workbench（开发环境）、zstack–251a（协议栈安装包）、smartrf programmer（仿真器下载软件），在随书资源中"软件工具"目录中可以找到进行安装，软件的安装与配置请参考随书资源中的"CC2530 开发套件相关软件的安装"来进行，这里不做讲述。

本项目中所有任务工程文件都存放在在随书资源包中对应任务目录"\Projects\zstack\Samples\SensorDemo\CC2530DB"路径下。利用 IAR Embedded Workbench 软件打开工程文件后的界面，如图 6-4 所示。下面对软件界面、对协调器、传感器和继电器相关文件进行说明。

在图 6-4 中的"1. 节点类型"区域，单击下拉按钮，在下拉列表框中可选择当前编译节点对应的代码。

CollectorEB 代表协调器，End_Sensor 代表传感器，Relay 代表执行器。

选择了不同的节点类型，点击工作空间树形目录 App 文件夹，在图中"2. 节点代码"区域，将列出本工程中此节点的相关文件，其他节点相关的文件呈灰色不可选状态。图 6-4 中显示的是选中 End_Sensor（传感器节点）时的对应文件状态。主文件名为 Demo_SensorEnd.c（CollectorEB 对应的主文件名为 DemoCollector.c，Relay 对应的主文件名为 DemoRelay.c），下面主要的工作都是在此文件中进行的。双击文件即可在图中"4. 代码编辑"区域进行代码的编写与修改工作。"3. 配置文件"区域显示本节点类型对应的配置文件，此部分在 f8wConfig.cfg 文件中进行组网的关键信息设置，一般情况下只针对 PANID、信道进行设置，其他文件内容不做修改。

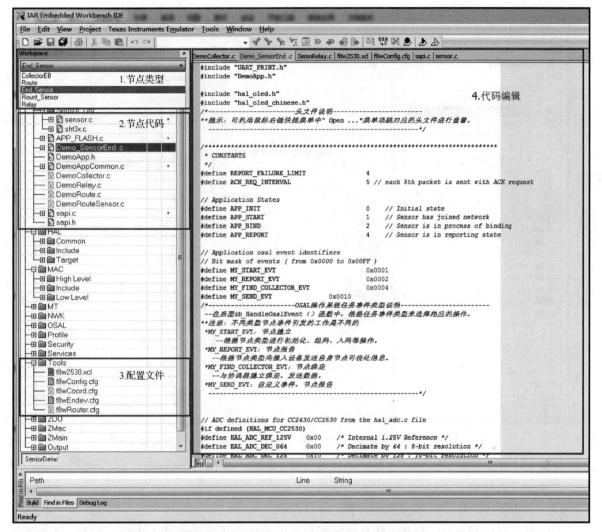

图 6-4 IAR Embedded Workbench 开发环境界面

End_Sensor、CollectorEB、Relay 三种不同工作区选项界面如图 6-5 所示。

在开发过程中，可以直接在原文件中进行修改、添加自定义代码，也可以利用右键快捷菜单中的 Remove 命令移除原有文件，利用 Add 命令添加新建的文件。图 6-5 中前面带灰色图标的文件是不包含此工作区的文件，不参加编译。

提示：打开工程文件，IAR Embedded Workbench 开发工具给用户提供了以下常用功能，有助于在程序设计、代码分析、编译调试过程中的工作事半功倍。

（1）右击头文件，利用快捷菜单中的 Open 命令打开对应的头文件进行查看。

（2）程序中的函数、符合常量、变量等各类定义，可以利用右击快捷菜单中的命令跳转到其定义的文件或位置。

由于本项目中代码篇幅过多，其中很多都是无须修改直接使用的，系统定义及函数功能请查阅随书资源中"CC2530 节点板开发指南 V1.2"，在下面关键代码分析中，只给出任务实现时需要修改添加的部分代码，读者可以在打开工程后，在对应的源文件中加以修改，后续任务做相同处理。

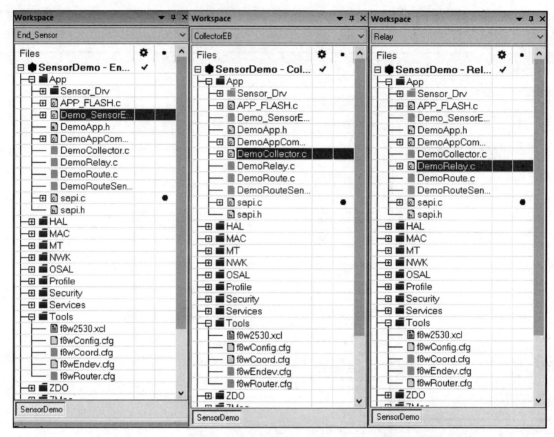

图6-5 End_Sensor、collectorEB、Relay 三种工作区文件目录

实现本任务需要 3 个 ZigBee 节点，分别为人体传感器、协调器和继电器。

6. 关键代码分析

（1）主函数（ZMain.c）程序代码分析：

主函数是程序的入口，打开工作空间树状目录中 ZMain 文件夹中的 ZMain.c 文件，对其中主函数进行分析，主函数中代码一般不做修改，这里分析是为了有助于对 ZigBee 协议栈工作流程的理解，在后面任务中将不再重述。

```
------------------------------main() 函数分析------------------------------
int main(void)
{
    osal_int_disable( INTS_ALL );    // 关闭所有中断
    HAL_BOARD_INIT();                // 初始化系统时钟
    zmain_vdd_check();               // 检查芯片电压是否正常
    InitBoard( OB_COLD );            // 初始化 I/O、LED、Timer 等
    HalDriverInit();                 // 初始化芯片各硬件模块
    osal_nv_init( NULL );            // 初始化 Flash 存储器
    ZMacInit();                      // 初始化 MAC 层
    zmain_ext_addr();                // 确定 IEEE 64 位地址
    zgInit();                        // 初始化非易失变量
    #ifndef NONWK
```

```
       // 由于 AF 不是一个任务，所以调用它的启动程序
       afInit();
       #endif osal_init_system();          // 初始化操作系统
       osal_int_enable( INTS_ALL );        // 使能全部中断
       InitBoard( OB_READY );              // 最终板载初始化
       zmain_dev_info();                   // 显示设备信息
       #ifdef LCD_SUPPORTED
       zmain_lcd_init();                   // 初始化 LCD
       #endif
       #ifdef WDT_IN_PM1
       /* 如果使用看门狗，此处将其使能 */
       WatchDogEnable( WDTIMX );
       #endif
       osal_start_system();                //  执行操作系统，进去后不会返回
       return 0;
    } // main()
```

main() 函数先进行初始化工作，包括硬件、网络层、任务等的初始化。然后，执行 osal_start_system() 启动操作系统。这里重点分析其中初始化操作系统 osal_init_system()、运行操作系统 osal_start_system() 两个函数。

利用前面所述方法，在函数名上右击，在弹出的快捷菜单中选择 go to definitio n of 命令可以进入相应函数的定义。

```
-------------------------osal_init_system() 函数分析 -------------------------
uint8 osal_init_system( void )
{
    osal_mem_init();            // 初始化内存分配系统 -OSAL_Memory.c
    osal_qHead=NULL;            // 初始化消息队列指针
    osalTimerInit();            // 初始化系统定时器 -OSAL_Timers.c
    osal_pwrmgr_init();         // 初始化电源管理系统
    osalInitTasks();            // 初始化系统任务，为每个任务调用初始化函数 -sapi.c
    osal_mem_kick();            // 跳过第一个块
    return ( SUCCESS );
}
```

进入 osal_init_system() 系统初始化函数，其中包含 6 个初始化函数，这里对 osalInitTasks() 任务初始化函数进行简单分析。

```
-------------------------osalInitTasks() 函数分析 -------------------------
void osalInitTasks( void )
{
    uint8 taskID=0;             // 分配内存，返回指向缓冲区的指针
    tasksEvents=(uint16 *)osal_mem_alloc( sizeof( uint16 ) * tasksCnt);
    /*-------------------------------------------------------------------------
    --osal_mem_alloc   当前 OSAL 中各任务分配存储空间，tasksEvents 指向该任务数组
    */

    osal_memset( tasksEvents, 0, (sizeof( uint16 ) * tasksCnt));
    /*-------------------------------------------------------------------------
    功能：  当前 OSAL 中所有任务分配存储空间置为 0
    --sizeof( uint16 )   一个任务的长度（4 个字节）
```

```
    --tasksCnt          任务数量
    --sizeof( uint16 ) * tasksCnt   总空间
*/
macTaskInit( taskID++ );              // 初始化 MAC 层任务，mac_taskID=0
nwk_init( taskID++ );                 // 初始化网络层任务，nwk_taskID=1
Hal_Init( taskID++ );                 // 初始化硬件任务，hal_taskID=2，用户需考虑

#if defined( MT_TASK )
MT_TaskInit( taskID++ );
#endif
/*-----------------------------------------------------------------------------
-- 初始化 MT 层任务
--MT 层：  实现通过串口可控制各层，并与各层进行直接交互
*/
APS_Init( taskID++ );
/*-----------------------------------------------------------------------------
-- 初始化 APS 层任务
--APS：提供 NWK 层和 APL 层之间的接口
*/

#if defined ( ZIGBEE_FRAGMENTATION )
APSF_Init( taskID++ );                // 初始化化 APSF 层任务
#endif

ZDApp_Init( taskID++ );               // 初始化 ZDO 应用层任务，用户需考虑

#if defined ( ZIGBEE_FREQ_AGILITY ) || defined ( ZIGBEE_PANID_CONFLICT )
ZDNwkMgr_Init( taskID++ );            // 初始化网络管理任务
#endif

SampleApp_Init( taskID );             // 自定义任务初始化，用户需考虑
}
```

SampleApp_Init() 是应用协议栈例程的必要函数，用户通常在这里初始化自己的东西。

```
------------------------osal_start_system() 函数分析-----------------------------
void osal_start_system( void )
{
    #if !defined ( ZBIT ) && !defined ( UBIT )
    for(;;)                           // 死循环
    #endif
    {
        uint8 idx=0;
        osalTimeUpdate();             // 扫描触发事件，然后置相应的标志位
        Hal_ProcessPoll();            // 轮询 TIMER 与 UART
        do {
            if(tasksEvents[idx])      // 待处理的最多优先级任务
            {
                break;                // 得到待处理的最高优先级任务索引号 --idx
            }
        } while(++idx<tasksCnt);
        if(idx<tasksCnt){
        uint16 events;
```

```
        halIntState_t intState;
        HAL_ENTER_CRITICAL_SECTION(intState);          // 进入临界区，保护
        events=tasksEvents[idx];                        // 提取需要处理的任务中的事件
        tasksEvents[idx]=0;                             // 清除本次任务的事件
        HAL_EXIT_CRITICAL_SECTION(intState);            // 退出临界区
        events=(tasksArr[idx])( idx, events );          // 关键调用，通过指针调用任务处理函数,
        HAL_ENTER_CRITICAL_SECTION(intState);           // 进入临界区
        tasksEvents[idx] |= events;
    // 保存未处理的事件 Add back unprocessed events to the current task. HAL_EXIT_
CRITICAL_SECTION(intState);                             // 退出临界区
    }

        #if defined( POWER_SAVING )                     // 进入低功耗模式
        else {
            osal_pwrmgr_powerconserve();                // 进入睡眠模式
        }
        #endif
    }
}
```

上述代码中，events=tasksEvents[idx] 实现提取需要处理的任务中的事件，恰好是 osalInitTasks() 函数中分配空间初始化过的 tasksEvents，而且 taskID 一一对应。这就是初始化与调用的关系。通过 taskID 把任务联系起来。

以上代码一般不需要用户编辑，下面对常见的 3 种设备代码进行分析，本项目中用户自定义编写代码一般是在下面文件中编写。

(2) 传感器节点代码分析（Demo_SensorEnd .c）：

```
 /*INCLUDES */
#include "ZComDef.h"
#include "OSAL.h"
#include "sapi.h"
#include "hal_key.h"
#include "hal_lcd.h"
#include "hal_led.h"
#include "hal_adc.h"
#include "hal_mcu.h"
#include "hal_uart.h"
#include "sensor.h"
#include "UART_PRINT.h"
#include "DemoApp.h"
#include "hal_oled.h"
#include "hal_oled_chinese.h"
/*------------------------------- 头文件说明 -------------------------------
** 提示： 可利用鼠标右键快捷菜单中 Open 命令打开对应的头文件进行查看
-------------------------------------------------------------------------*/
/* CONSTANTS */
#define REPORT_FAILURE_LIMIT         4
#define ACK_REQ_INTERVAL             5          // 每5个数据包发送一次 ACK 请求

// Application States
#define APP_INIT                     0          // 初始化状态
```

```
#define APP_START                    1              // 终端节点已加入网络
#define APP_BIND                     2              // 终端节点已绑定状态
#define APP_REPORT                   4              // 终端节点上报信息状态


// Application osal event identifiers
// Bit mask of events ( from 0x0000 to 0x00FF )
#define MY_START_EVT                 0x0001
#define MY_REPORT_EVT                0x0002
#define MY_FIND_COLLECTOR_EVT        0x0004
#define MY_SEND_EVT                  0x0010
/*---------------------------OSAL 操作系统任务事件类型说明 ---------------------------
 -- 在后面 zb_HandleOsalEvent ( ) 函数中, 根据任务事件类型来选择相应的操作。
** 注意:  不同类型节点事件引发的工作是不同的
 *MY_START_EVT: 节点建立
     -- 根据节点类型进行初始化、组网、入网等操作。
 *MY_REPORT_EVT:  节点报告
   -- 根据节点类型向接入设备发送自身节点可视化信息。
 *MY_FIND_COLLECTOR_EVT:  节点绑定
   -- 与协调器建立绑定,发送数据。
 *MY_SEND_EVT:  自定义事件,节点报告
   ---------------------------------------------------------------------------*/


// ADC definitions for CC2430/CC2530 from the hal_adc.c file
#if defined (HAL_MCU_CC2530)
#define HAL_ADC_REF_125V     0x00          /* 内部 1.25 V 参考电压 */
#define HAL_ADC_DEC_064      0x00          /* 以 64:8 位精确度 */
#define HAL_ADC_DEC_128      0x10          /* 以 128:10 位精确度 */
#define HAL_ADC_DEC_512      0x30          /* 以 512: 14 位精确度 */
#define HAL_ADC_CHN_VDD3     0x0f          /* 输入电压 3.3 V */
#define HAL_ADC_CHN_TEMP     0x0e          /* 温度传感器 */
#endif // HAL_MCU_CC2530

/*LOCAL VARIABLES */
static uint8 appState=APP_INIT;
static uint8 reportState=FALSE;

static uint8 reportFailureNr=0;
static uint16 myReportPeriod=2303;             // 2303 ms
static uint16 myBindRetryDelay=2200;           // 2200 ms
static uint16 parentAddr;
static uint16 ZBShortAddr;
static uint16 old_val1;
static uint16 old_val2;
uint8 Str1[16],Str2[16],BlockData[16];

/*GLOBAL VARIABLES */
// 传感器输入 / 输出
#define NUM_OUT_CMD_SENSOR           1
#define NUM_IN_CMD_SENSOR            0

// 传感器输入 / 输出命令列表
const cId_t zb_OutCmdList[NUM_OUT_CMD_SENSOR]=
{
    SENSOR_REPORT_CMD_ID
```

```
};

// 传感器属性
const SimpleDescriptionFormat_t zb_SimpleDesc =
{
    MY_ENDPOINT_ID,                 // 终端节点编号
    MY_PROFILE_ID,                  // 配置编号
    DEV_ID_SENSOR,                  // 设备编号
    DEVICE_VERSION_SENSOR,          // 设备版本
    0,                              // 预留
    NUM_IN_CMD_SENSOR,              // 接收命令
    (cId_t *) NULL,                 // 接收列表
    NUM_OUT_CMD_SENSOR,             // 发送命令
    (cId_t *) zb_OutCmdList         // 发送列表
};
/*---------------------- 代码分析 ------------------------
*SimpleDescriptionFormat_t:结构体类型,定义传感器设备的格式描述,定义详见 AF.h 头文件
* 其中各宏定义详见 DemoApp.h 文件
** 提示:  可利用鼠标右键快捷菜单中 "Go to definition of ..." 菜单项跳转到对应文件中查看。
   ---------------------------------------------------------*/


/* LOCAL FUNCTIONS */
void uartRxCB( uint8 port, uint8 event );
static void sendDummyReport(void);
//static int8 readTemp(void);
//static uint8 readinVoltage(void);


RfPacket_t RfTx,RfRx;
/*---------------------- 代码分析 ------------------------
RfPacket_t:应用层通信数据结构
typedef union _RfPacket{
    uint8 Buf[40];
    struct{
        uint8 Head;                     // 头
        uint8 Laddr[2];                 // 网络短地址 2B
        uint8 Saddr[2];                 // 本设备网络短地址 2B
        uint8 Sid[4];                   // 传感器或设备类别编号
        uint8 Cmd[2];                   // 命令
        uint8 Len;                      // 有效数据长度
        uint8 Data[16];                 // 数据缓冲区
        uint8 Other[9];                 // 备用
        uint8 Crc[2];                   // 校验位
        uint8 Tail;                     // 帧尾
    }Pack;
}RfPacket_t;                            // 无线发送缓冲区
----------------------------------------------------------*/


/*********************************************************************
  * 函数名称:             zb_HandleOsalEvent
  * 功能:          操作系统根据任务标识进行任务处理
-- 此部分代码无须改动,也可在相关任务处理阶段加入自定义功能代码,对其中函数加以解释有助于对通信
的理解,后续不再重复
-- 本任务中加入了部分液晶显示代码
 *********************************************************************
```

```
********/
    void zb_HandleOsalEvent( uint16 event )
    {
        if(event & SYS_EVENT_MSG)              //SYS_EVENT_MSG(0x8000) 等待状态
        {

        }

        if( event & ZB_ENTRY_EVENT )      //定义设备类型
        {
            initUart(uartRxCB);
            oled_initial();
            oled_clear_screen();
            sprintf(Str1,"%4X:%d",_NIB.nwkPanId,_NIB.nwkLogicalChannel);
    /*------------------------------- 代码分析 -------------------------------
    *NIB 是网络层的参数，_NIB.nwkCoordAddress 代表协调器地址，_NIB.nwkLogicalChannel 代表
    信道
    --------------------------------------------------------------------*/
            oled_disp_string(1,1,Str1);
            oled_disp_string(3,1,"wzzc");
            zb_StartRequest();
    /********************* zb_StartReques 函数功能分析 *********************
        * 函数定义详见 sapi.c 文件
        * 功能：启动 ZigBee stack，获取设备配置属性信息，连接网络，调用确认函数
        */
        }

        if ( event & MY_REPORT_EVT )            //节点报告
        {
            appState=APP_REPORT;
            sendDummyReport();                 //发送节点报告信息
    osal_start_timerEx( sapi_TaskID, MY_REPORT_EVT, myReportPeriod+(uint8)osal_
    rand() );
        /*********************osal_start_timerEx() 函数功能分析 *********************
        * 功能：启动任务定时器
        *sapi_TaskID：计时任务 ID
        *MY_REPORT_EVT：0x0002- 标识事件
        * myReportPeriod+(uint8)osal_rand()：时限值
        */

        }
        if ( event & MY_FIND_COLLECTOR_EVT )//节点绑定
        {
            if ( appState==APP_REPORT )
            {
                zb_AllowBind( 0x00 );
    //-------- 参数设置：0x00-- 禁止设备绑定模式，0xFF 允许绑定模式
                zb_BindDevice( FALSE, SENSOR_REPORT_CMD_ID, (uint8 *)NULL );
    //--------- 参数设置：FALSE-- 解除绑定，TRUE 建立绑定

            }
            appState=APP_BIND;
            zb_BindDevice( TRUE, SENSOR_REPORT_CMD_ID, (uint8 *)NULL );osal_start_
    timerEx( sapi_TaskID, MY_REPORT_EVT,3000 );
```

```
        reportState=TRUE;
    }
    if ( event & MY_SEND_EVT )              //设置节点报告任务
    {
        osal_set_event( sapi_TaskID, MY_REPORT_EVT );
        appState=APP_REPORT;
        reportState=TRUE;

    }
}

/*******************************************************************
 * 函数名称:               zb_StartConfirm
 * 功能:          协议栈启动完成后,调用函数,
 -- 此部分代码无须改动,对其中函数加以解释有助于对通信的理解,后续不再重复
 */
void zb_StartConfirm( uint8 status )
{
    //如果终端节点成功入网,则开始正常运行(采集信息、发送信息)
    if ( status == ZB_SUCCESS )
    {
        appState=APP_START;                 // 应用程序状态

        //存储父短地址
        zb_GetDeviceInfo(ZB_INFO_PARENT_SHORT_ADDR, &parentAddr);
/*******************zb_GetDeviceInfo 函数功能分析 *******************
 * void zb_GetDeviceInfo ( uint8 param, void *pValue ) 函数定义详见 sapi.c 文件
 * 功能:   根据设备信息获取指定属性的值,此处实现获取父节点短地址
 *param:  设备信息标识
   --ZB_INFO_PARENT_SHORT_ADDR: 3- 设备信息标识符
   -- 设备信息宏定义详细见 sapi.c 文件
 **pValue: 获取信息存储位置
   --&parentAddr: 存储对应数据缓冲区
 */
        zb_GetDeviceInfo(ZB_INFO_SHORT_ADDR, &ZBShortAddr);
        osal_set_event( sapi_TaskID, MY_FIND_COLLECTOR_EVT );   //设置任务标识
    }
}


/*******************************************************************
 * 函数名称:               uartRxCB
 * 功能:          串口读取
 -- 此部分代码无须改动,对其中函数加以解释有助于对通信的理解,后续不再重复
 */
void uartRxCB( uint8 port, uint8 event )
{
    uint8 pBuf[RX_BUF_LEN];
    uint16 len;
    EA=0;
    if ( event!=HAL_UART_TX_EMPTY )
    {
        // Read from UART
        len=HalUARTRead( HAL_UART_PORT_0, pBuf, RX_BUF_LEN );
```

```
//-------- 把接收到的数据存储到 pBuf 数组里

    if ( len>0 )
    {
        configset(pBuf,len, LOG_TYPE);
 /******************** 函数功能分析 ****************************
  * 功能:  根据设备类型对 pBuf 缓冲区进行参数设置
  *pBuf:  数据缓冲区起始地址
  *len:  数据长度
  *LOG_TYPE:  设备类型编号
  */
    }
 }
  EA=1;
}


/****************************************************************
 * 函数名称   sendDummyReport
 * 功能        获取并发送传感数据
-- 此部分为用户重点编写部分
 */
#define SENSOR_LENGTH              40

static void sendDummyReport(void)
{
  static uint8 reportNr=0;
  uint8 txOptions;
  uint16 val1,val2;
  Dtype=17;// 人体红外
 /*------------------------------- 代码分析 -------------------
   -- Dtype=18;   温湿度模块
   --Dtype=7;     光敏模块
   --Dtype=17;    人体红外模块
   --Dtype=4;     雨滴模块
   --Dtype=25;    可燃气体模块
   --Dtype=1;     继电器模块
 -----------------------------------------------------------*/

  osal_memset(RfTx.Buf,'x',sizeof(RfPacket_t));
 /********************osal_memset() 函数功能分析 ***************
* 函数定义详见 OSAL.c 文件
  * 功能:  以字符 'x' 填充 RfTx.Buf 缓冲区,填充长度为 RfPacket_t 包长度
  *RfTx.Buf:  缓冲区起始地址
  *'x':  填充值
  *sizeof(RfPacket_t):  填充长度
 */

  RfTx.Pack.Head='#';
  RfTx.Pack.Laddr[0]=parentAddr;
  RfTx.Pack.Laddr[1]=parentAddr>>8;
  RfTx.Pack.Saddr[0]=ZBShortAddr;
  RfTx.Pack.Saddr[1]=ZBShortAddr>>8;
  RfTx.Pack.Tail='$';
```

```
    RfTx.Pack.Sid[0]=LOG_TYPE;            // 设备类型
    RfTx.Pack.Sid[1]=serl;                // 传感器编号低位
    RfTx.Pack.Sid[2]=serh;                // 传感器编号高位
    RfTx.Pack.Sid[3]=Dtype;               // 传感器类型

    RfTx.Pack.Cmd[0]='S';
    RfTx.Pack.Cmd[1]='N';
    RfTx.Pack.Len=4;

    readsensor(Dtype,&val1,&val2);
/*********************readsensor() 函数功能分析 *************************
* 函数定义详见 sensor.c 文件
* 功能：读取指定类型（Dtype）传感器的值
 *Dtype:  传感器类型
    -- 本例中 Dtype=17，代表读取人体红外传感器的值
*&val1:  读取值（高8位）
*&val2:  读取值（低8位）
*/

    RfTx.Pack.Data[0]=LO_UINT16(val1);
    RfTx.Pack.Data[1]=HI_UINT16(val1);
    RfTx.Pack.Data[2]=LO_UINT16(val2);
    RfTx.Pack.Data[3]=HI_UINT16(val2);

    if( ++reportNr<ACK_REQ_INTERVAL && reportFailureNr==0 )
    {
      txOptions=AF_TX_OPTIONS_NONE;
    }
    else
    {
      txOptions=AF_MSG_ACK_REQUEST;
      reportNr=0;
    }
#if defined UART_LOOK
    //HalUARTWrite(HAL_UART_PORT_0, pData,SENSOR_LENGTH+4);
    uart_printf(" 类型: 0x%02x, 传感数值: %d, %d\r\n", Dtype, val1,val2);
#endif

  sprintf(Str1,"%4X:%d:%04X:%d",_NIB.nwkPanId,_NIB.nwkLogicalChannel,LOG_
TYPE,Dtype);
    oled_clear_vertical(1);
    oled_disp_string(1,1,Str1);
    sprintf(Str2,"val1:%2d val2:%2d",val1,val2);
    oled_clear_vertical(2);
    oled_disp_string(3,1,Str2);
/*------------------------ 代码分析 ------------------------
* 上述6行代码实现显示信息到厂商节点地板液晶屏，功能描述参考项目3、项目4
*NIB 是网络层的参数，_NIB.nwkCoordAddress 代表协调器地址，_NIB.nwkLogicalChannel 代表信道
------------------------------------------------------*/

  zb_SendDataRequest( 0xFFFE, SENSOR_REPORT_CMD_ID, SENSOR_LENGTH, (byte *)
&RfTx.Buf, 0, txOptions, 0 );
/********************* zb_SendDataReques 函数功能分析 *****************
* 功能: 启动数据传输
```

```
     * 0xFFFE:  以广播方式发送
    -- 函数定义中此处为目标地址，本任务中采用广播形式发送
     * SENSOR_REPORT_CMD_ID:  传输指令
    *SENSOR_LENGTH :  有效数据长度（字节数）
    *(byte *)&RfTx.Buf:  有效数据起始地址
    *0:  数据传输请求标识
     * txOptions:  目的地址确认，返回值为 -true
    *0:  数据包有效传输路径的跳数
     */
    }
```

在程序设计过程中，经常调用 sapi.c（简单应用程序接口）和 sensor.c（传感器值获取）两个文件中的函数功能，传感器节点获取值功能代码在 sensor.c 文件中，于前面项目中多有讲述，这里不进行分析。sapi.c 中的接口函数大多是系统运行时调用，一般不需要进行修改，当然可根据实际需求加入自定义代码，下面对 sapi.c 文件函数功能进行简单描述，以后不再重述。

```
/*****************************sapi.c 文件分析 *****************************

   /*INCLUDES */
    ......
/*CONSTANTS */
    ......
/*GLOBAL VARIABLES */
    ......
/*LOCAL FUNCTIONS */
    ......
//------------- 重启设备，更新配置
void zb_SystemReset ( void )
{
   ...}

*------------- 启动 zigbee stack，读取设备配置信息，加入网络，完成后调用 zb_
StartConrifm() 函数 */
   void zb_StartRequest()
   {
   ...}

/*------------- 建立或解除绑定，create 参数为 true 代表建立，false 代表解除，完成后回调
zb_BindConfirm() 函数返回绑定状态 */
   void zb_BindDevice ( uint8 create, uint16 commandId, uint8 *pDestination )
   {
   ...}
/*------------- 权限控制函数，用来控制是否允许新设备加入网络，destination 代表目标地址
（含特殊的广播地址 - 路由器、协调器），timeout 为 0x00 代表关闭许可，0xFF 代表开启许可 */
   uint8 zb_PermitJoiningRequest ( uint16 destination, uint8 timeout )
   {
   ...}

//------------- 在时限（允许绑定时间）内通过调用 zb_BindDevice 建立绑定许可
   void zb_AllowBind ( uint8 timeout )
   {
   ...}
```

```
//-------------- 启动数据发送请求
void zb_SendDataRequest (uint16 destination, uint16 commandId, uint8 len,
                         uint8 *pData, uint8 handle, uint8 txOptions, uint8 radius)
{
 ...}

//-------------- 从非易失性存储器中读取配置信息
uint8 zb_ReadConfiguration( uint8 configId, uint8 len, void *pValue )
{
  ...}
//-------------- 向非易失性存储器中写入配置信息
uint8 zb_WriteConfiguration( uint8 configId, uint8 len, void *pValue )
{
  ...}
//-------------- 根据传设备的格式描述项目，通过网络层参数获取指定的设备信息
void zb_GetDeviceInfo ( uint8 param, void *pValue )
{
  ...}


//-------------- 搜索确定同一网络中设备的短地址。搜索完成后回调 zv_FindDeviceConfirm() 函数。
void zb_FindDeviceRequest( uint8 searchType, void *searchKey )
{
 ...}

//-------------- 开始请求操作完成回调函数
void SAPI_StartConfirm( uint8 status )
{
...}

//-------------- 发送数据完成后回调函数
void SAPI_SendDataConfirm( uint8 handle, uint8 status )
{
...}

//-------------- 绑定操作完成后回调函数
void SAPI_BindConfirm( uint16 commandId, uint8 status )
{
...}

//-------------- 本设备发生绑定事件时调用
void SAPI_AllowBindConfirm( uint16 source )
{
  ...}

//-------------- 搜索设备完成后的回调函数
void SAPI_FindDeviceConfirm( uint8 searchType, uint8 *searchKey, uint8 *result )
{
...}

//-------------- 设备接收到信息根据相应条件进行处理
void SAPI_ReceiveDataIndication( uint16 source, uint16 command, uint16 len,
uint8 *pData )
```

```
{
...}

//------------- 任务事件处理接口，根据事件标识执行相应操作
UINT16 SAPI_ProcessEvent( byte task_id, UINT16 events )
{
....}

//------------- 消息响应处理
void SAPI_ProcessZDOMsgs( zdoIncomingMsg_t *inMsg )
{
...}

// 系统任务初始化
void SAPI_Init( byte task_id )
{
   ...}

//------------- 向接口任务发送消息形成回调
void SAPI_SendCback( uint8 event, uint8 status, uint16 data )
{
   ...}

#if OSAL_SAPI
//------------- 此函数已单独分析
void osalInitTasks( void )
{
   ...}
#endif


//------------- 延时，关闭电源
void    dc1_off(void)
{
   ...}
```

(3) 协调器节点代码分析（DemoCollector.c）：

```
/**********************************************************************************
 * 函数名称：            zb_ReceiveDataIndication
 * 功能：         获取传感器节点数据，根据条件进行封装，向外广播数据 */
  void zb_ReceiveDataIndication( uint16 source, uint16 command, uint16 len, uint8
*pData  )
  {
    static uint8 reportNr1=0;
    uint8 txOptions;
    gtwData.parent=BUILD_UINT16(pData[SENSOR_PARENT_OFFSET+ 1], pData[SENSOR_
PARENT_OFFSET]);
    gtwData.source=source;
    gtwData.temp=*pData;
    gtwData.voltage=*(pData+1);

  // Send gateway report
    sendGtwReport(&gtwData, pData,len); // 串口上报
```

```
    if(len!=40) return;
        if ((pData[0]=='#')&& (pData[39]=='$')&&(pData[8]==17))      //Z:5A    X:58
/*------------------------------------ 代码分析 ------------------------------------
    * 数据协议格式见传感器节点程序中描述
        --Demo_SensorEnd.c 文件中的 sendDummyReport(void) 函数中。
--pData[0]=='#'          数据包头
--pData[39]=='$'         数据包尾
--pData[8]==17           设备类型
        --------------------------------------------------------------------------*/

            {                           // 控制命令
                #if defined DEBUG_UART
                uart_printf("\r\nSEND ZIGBEE:");
                uart_datas(pBuf,len);
                #endif

                pData[8]=1;             // 此处 1 代表设备类型为继电器
                pData[9]='Z';
                pData[10]='X';
        if ( ++reportNr1<ACK_REQ_INTERVAL && reportFailureNr==0 )
        {
          txOptions=AF_TX_OPTIONS_NONE;
        }
        else
        {
          txOptions=AF_MSG_ACK_REQUEST;
          reportNr1=0;
        }
zb_SendDataRequest( 0xFFFF, DUMMY_REPORT_CMD_ID , len,pData, 0, txOptions, 0 );
/****************** zb_SendDataReques 函数功能分析 ***************************
 * 此处参考本任务协调器对应分析
 */
        }
}


/*****************************************************************************
 * 函数名称:              uartRxCB
 * 功能:             接收到串口信号的处理
-- 此部分代码无须改动，也可在相关任务处理阶段加入自定义功能代码，对其中函数加以解释有助于对通信
的理解，后续不再重复
-- 本任务中加入了对数据包格式的判断
 */
```

（4）继电器节点代码（DemoRelay.c）：

```
/*****************************************************************************
 * 函数名称:              zb_HandleOsalEvent
 * 功能:             操作系统根据任务标识进行任务处理
-- 此部分代码无须改动，也可在相关任务处理阶段加入自定义功能代码，对其中函数加以解释有助于对通信
的理解，后续不再重复
-- 本任务中加入了串口初始化和液晶显示代码，此处略
*****************************************************************************/
/*****************************************************************************
 * 函数名称:              zb_ReceiveDataIndication
```

```
    * 功能:          获取协调器节点数据，根据条件进行封装，向外广播数据
   */
   void zb_ReceiveDataIndication( uint16 source, uint16 command, uint16 len, uint8
*pData  )
   {
     gtwData.parent=BUILD_UINT16(pData[SENSOR_PARENT_OFFSET+ 1], pData[SENSOR_
   PARENT_OFFSET]);
     gtwData.source=source;
     gtwData.temp=*pData;
     gtwData.voltage=*(pData+1);

     // 刷新显示
     #if defined ( LCD_SUPPORTED )
     HalLcdWriteScreen( "Report", "rcvd" );
     #endif

     // 向协调器发送信息
     sendGtwReport(&gtwData);
   }
```

提示：当继电器接收到数据实现相应控制代码时，是直接调用系统接口 sapi.c 文件中的 SAPI_ReceiveDataIndication() 函数来实现的。代码分析如下：

```
   void SAPI_ReceiveDataIndication( uint16 source, uint16 command, uint16 len,
uint8 *pData  )
   {
     #if (LOG_TYPE==0)      // 协调器
     #if defined ( MT_SAPI_CB_FUNC )
     if( SAPICB_CHECK( SPI_CB_SAPI_RCV_DATA_IND ) )
     {
       zb_MTCallbackReceiveDataIndication( source, command, len, pData  );
     }
     else
       #endif               //MT_SAPI_CB_FUNC
     {
       if((pData[0]==0xff) && (pData[1]==0xf5))
       {                    // 继电器应答发到串口
         HalUARTWrite(HAL_UART_PORT_0,pData, len);
       }
       else
       {
         #if ( SAPI_CB_FUNC )
         zb_ReceiveDataIndication( source, command, len, pData  );
         #endif             //SAPI_CB_FUNC
       }
     }
   #endif                   //(LOG_TYPE==0)

   #if (LOG_TYPE==4)
     // 继电器命令处理
     uint8    flag;
       //FF F5 05 01 12 34 55 AA LRC 命令的应答为: FF F5 06 01 12 34 55 AA FF [LRC]:
       #if defined (DEBUG_DATA)
```

```
    uart_printf(" 接收数据 data:");
    uart_datas(pData, len);
    #endif
    if( (*pData=='#'))
    {

    if((*(pData+12)==1)&&(*(pData+8)==1))
    {
      set_p0_bit(1,1);
      set_p0_bit(2,1);
    }
    else if((*(pData+12)==0)&&(*(pData+8)==1))
    {
      set_p0_bit(1,0);
      set_p0_bit(2,0);
    }
 /*------------------------------- 代码分析 -----------------------------------
*pData[8] 值为 1 代表当前设备是继电器
*pData[12] 是协调器向继电器节点发送开关的指令
    --1   开启
    --0   关闭
此处根据设定的温度值（25）来为 pData[12] 赋相应的值
    --------------------------------------------------------------------------*/
    }
#endif              //LOG_TYPE==4
}
```

任务实现

（1）在 IAR Embedded Workbench 开发环境下打开随书资源中 "项目 5\ 任务 1\Projects\zstack\ Samples\SensorDemo\CC2530DB\SensorDemo.eww" 工程文件。

（2）在左侧工作空间处依次选择 End_Sensor、CollectorEB、Relay 三种设备选项，编辑前面关键代码分析中相应文件中的源码，完成后保存。

（3）在左侧工作空间处依次选择 End_Sensor、CollectorEB、Relay 三种设备选项，右击工程名称，在弹出的快捷菜单中选择 Rebuild All 命令进行传感器、协调器、继电器程序的编译，成功编译后，在工程目录下 output 文件夹中生成了对应的 SensoEnd.hex、collector.hex、relay.hex 可执行文件。

注意：编译前检查工程选项设置，右击工作区工程文件名，在弹出快捷菜单中选择 Options 命令，打开如图 6-6 所示窗口。

在选项窗口的 Category 列表中单击 General Options 选项，修改右侧 Device 后面内容为 CC2530F256，如图 6-6 所示。

继续单击图 6-6 中 Stack/Heap 选项卡，按如图 6-7 所示进行设置。

在 Category 列表中点击 Linker 选项，在右侧设置界面中依次对 Config、Output、Extra Output 三个选项卡进行设置。

首先，设置 Config 选项卡，所选文件 "lnk51ew_cc2541F256_banked.xcl" 的所在路径为 "......\ 软件安装路径下 ......\8051\config\devices\Texas Instruments"，如图 6-8 所示。

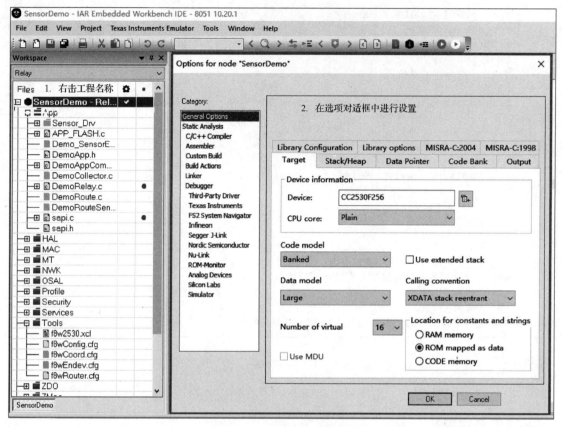

图 6-6　工程"选项"设置窗口

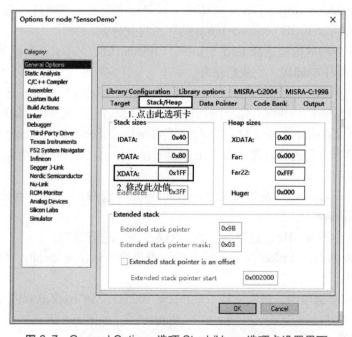

图 6-7　General Options 选项 Stack/Heap 选项卡设置界面

图 6-8　Linker 选项 Config 选项卡设置界面

继续单击 Output 选项卡，按如图 6-9 所示进行设置。

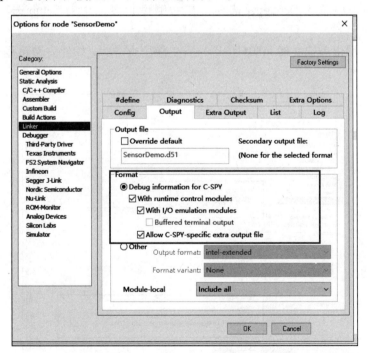

图 6-9　Linker 选项 Output 选项卡设置界面

继续单击 Extra Output 选项卡，按如图 6-10 所示进行设置。其中，Output file 红色区域文本框中的编译后文件格式为 ".hex"，此处根据工作区当前对应的 End_Sensor、CollectorEB、Relay 三种设备选项来命名，要做到有其含义。

图 6-10　Linker 选项 Extra Output 选项卡设置界面

在 Category 列表中单击 Debugger 选项，在右侧设置界面中对 Setup 选项卡进行设置，如图 6-10 所示。

图 6-11 下方区域中所选文件 io8051.ddf 的所在路径为 "......\ 软件安装路径下 ......\8051\config\devices_generic"。

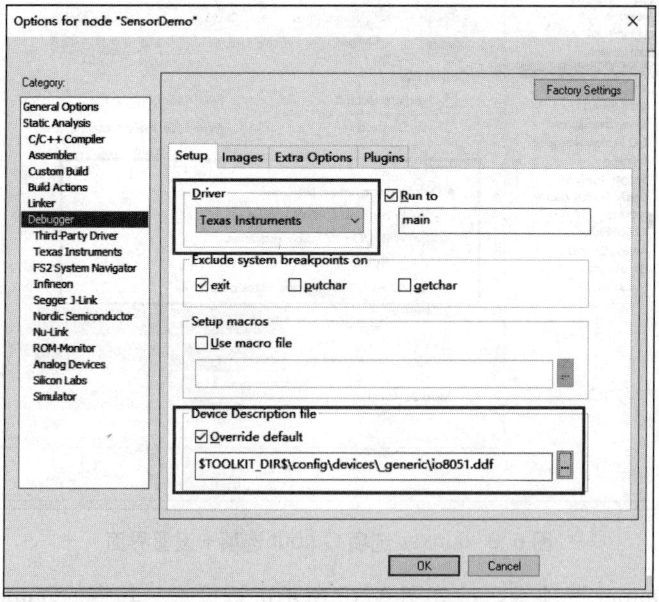

图 6-11　Debugger 选项 Setup 选项卡设置界面

最后单击 OK 按钮完成软件选项设置。

（4）打开 SmartRF Programmer 软件（相关操作参考随书资源中"CC2530 开发套件相关软件的安装"），将仿真器连接 ZigBee 节点模块，分别将 SensoEnd.hex、collector.hex、relay.hex 下载到对应的节点模块。

注意：烧录前请按图 6-12 所示进行选项设置。

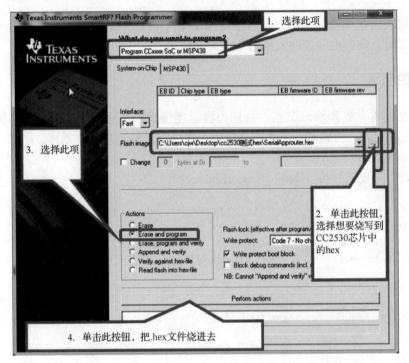

图 6-12 SmartRF Programmer 软件选项设置

（5）查看运行结果。程序下载完毕，传感器、协调器、继电器几个模块上电，当人体传感器为有人状态时，灯泡亮；无人状态时，延时 5 s，灯泡灭。

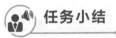 任务小结

本任务主要介绍了 ZigBee 协议栈相关知识，以及在基于此协议栈开发过程中的基本思路、软件开发环境及关键代码的分析；实现了通过协调器组建网络，接收人体传感器数据并利用广播方式向继电器发送数据，控制电灯的开关状态。在学习过程中重点掌握 ZigBee 协议栈的目录结构含义、工作流程及数据协议格式，能够熟练地对相关开发工具安装配置和使用，以便后期进一步学习。

任务2 温度感应风扇的启停

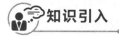 任务描述

利用温度模块采集环境温度信息，当温度大于25℃时，向继电器模块发送指令，开启风扇；当温度低于25℃时，向继电器模块发送指令，关闭风扇。

知识引入

本任务实现需要3个Zigbee节点，分别为温湿度传感器、协调器和继电器。任务2中关键代码与任务1中大多相同，传感器有所改变，任务1中分析过的这里不再重述。

关键代码分析：

（1）传感器节点代码分析（Demo_SensorEnd .c）：

```
/******************************************************************
 *  函数名称    sendDummyReport
 *  功能        获取并发送传感数据
-- 此部分为用户重点编写部分，与任务一中代码大部分相同，主要是传感器类型变化
 */
#define SENSOR_LENGTH    40

static void sendDummyReport(void)
{
  ...
  Dtype=18;// 温湿度模块
  ...

}
```

（2）协调器节点代码分析（DemoCollector.c）：

```
/******************************************************************
 *  函数名称:              zb_ReceiveDataIndication
 *  功能:          获取传感器节点数据，根据条件进行封装，向外广播数据
 */
 void zb_ReceiveDataIndication( uint16 source, uint16 command, uint16 len, uint8
*pData)
 {
  ...
  if(len!=40) return;
    if((pData[0]=='#')&& (pData[39]=='$')&&(pData[8]==18))      //Z:5A    X:58
    {                 // 控制命令
       ....
       if(pData[12]>25)
       {
            pData[12]=1;
```

```
        }
        else
        {
            pData[12]=0;
        }
/*------------------------------------- 代码分析 -------------------------------------
-- 当温度大于 25℃时，设置 pData[12] 值为 1，否则为 0
*pData[12] 是协调器向继电器节点发送开关的指令
   --1   开启
   --0   关闭
此处根据设置的温度值（25）来为 pData[12] 赋相应的值
-------------------------------------------------------------------------*/
        pData[8]=1;      // 继电器标识
        pData[9]='Z';    // 设置执行器标识
        pData[10]='X';
    ...
    }
  zb_SendDataRequest( 0xFFFF, DUMMY_REPORT_CMD_ID , len,pData, 0, txOptions, 0 );
  }
}
```

（3）继电器节点代码（DemoRelay.c）：

由于此节点为继电器模块，因此代码分析与任务 1 相同，这里不再重述。

提示：继电器控制代码位于 sapi.c 文件中的 SAPI_ReceiveDataIndication() 函数中。

任务实现

（1）在 IAR Embedded Workbench 开发环境下打开随书资源中"项目 5\ 任务 2\Projects\zstack\ Samples\SensorDemo\CC2530DB\SensorDemo.eww"工程文件。

（2）在左侧工作空间处依次选择 End_Sensor、CollectorEB、Relay 三种设备选项，编辑前面关键代码分析中相应文件中的源码，完成后保存。

（3）在左侧工作空间处依次选择 End_Sensor、CollectorEB、Relay 三种设备选项，右击工程名称，在弹出的快捷菜单中选择 Rebuild All 命令进行传感器、协调器、继电器程序的编译，成功编译后，在工程目录下 output 文件夹中生成了对应的 SensoEnd.hex、collector.hex、relay.hex。

可执行文件（编译选项请参考任务 1 中的描述进行配置）。

（4）打开 smartrf programmer 软件（相关选项请参考任务 1 中的描述进行配置），将仿真器连接 Zigbee 节点模块，分别将 SensoEnd.hex、collector.hex、relay.hex 下载到对应的节点模块。

（5）查看运行结果。程序下载完毕，传感器、协调器、继电器几点模块上电，当温度传感器的值大于 25℃时，风扇开；反之，风扇关。

任务小结

本任务主要基于 ZigBee 协议栈编程实现了根据环境温度值来控制风扇的启停功能，协调器接收温湿度传感器数据并利用广播方式向继电器发送数据，控制风扇的启停状态。在学习过程中应注意 Dtype 对应传感器的类型。协调器在向继电器广播 ZigBee 协议传输的数据包中，通过设置

pData[12] 的值为 1/0，代表风扇的开启或关闭状态。

任务 3　射频识别卡号的播报

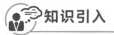

任务描述

当射频识别模块有刷卡行为时，语音模块对当前所刷的卡号进行播报。

知识引入

本任务实现需要 3 个 ZigBee 节点，分别为射频识别模块、协调器和语音播报模块。任务 3 中关键代码与任务 1 中大多相同，任务 1 中分析过的这里不再重述。

在本任务工程工作空间中，CollectorEB 代表协调器，End_Sensor 代表射频识别，Relay 代表语音播放。

关键代码分析：

（1）射频识别节点代码分析（Demo_SensorEnd .c）：

```
/*LOCAL VARIABLES */
/****************************** 加入射频识别数据定义 ******************************
uint8 NfcWakeup[24]={0x55,0x55,0x00,0x00,0x00,0x00,0x00,0x00,0x00,0x00,0x00,0x0
0,0x00,0x00,0x00,0x00,0xFF,0x03,0xFD,0xD4,0x14,0x01,0x17,0x00};
uint8 NfcDetect[11]={0x00,0x00,0xFF,0x04,0xFC,0xD4,0x4A,0x01,0x00,0xE1,0x00};
//----------------- 配置 106 kbps type A (ISO/IEC14443 Type A)
char* StrNfc[]={"NFCCMD","WAKEUP","DETECT","VERIFY","READ","WRITE"};
enum
{
  NFC_ACK=0,
  NFC_WAKEUP,
  NFC_DETECT,
  NFC_VARIFY,
  NFC_READ,
  NFC_WRITE
};
uint8 Str1[16],Str2[16];
uint8 UID[4];                        // 存储 UID
uint8 RxBuffer1[128];
#define RX_DUMP  6
uint8 flag_rev_finish=0;             //1 为接收完成

/*LOCAL VARIABLES */
/****************************** 加入射频识别自定义函数 ******************************
static void sendDummyReport(void);
static int8 readTemp(void);
static uint8 readinVoltage(void);

uint8 NfcSend(uint8 cmd);
```

```
void NfcReceive(uint8 imLen,uint8 imCmd);
void CleanBuffer(uint16 num,uint8 ch);

/*************************************************************************
 * 函数名称:              zb_HandleOsalEvent
 * 功能:            操作系统根据任务标识进行任务处理
-- 此部分代码无须改动,也可在相关任务处理阶段加入自定义功能代码
-- 本任务中加入了部分液晶显示代码,加入任务处理过程中对射频识别设备状态判读的代码
 *************************************************************************/
void zb_HandleOsalEvent( uint16 event )
{
  if(event & SYS_EVENT_MSG)
  {
  }
  if( event & ZB_ENTRY_EVENT )
  {
   ...
  }
  if ( event & MY_REPORT_EVT )
  {
    ...
    appState=APP_REPORT;
    if(NfcSend(NFC_WAKEUP)!=0)

    {
        osal_start_timerEx( sapi_TaskID,MY_REPORT_EVT,1000);
    }
  Else
  {
      osal_stop_timerEx( sapi_TaskID, MY_REPORT_EVT );
      osal_start_timerEx( sapi_TaskID,MY_SEND_EVT,1000);
  }
}
/*------------------------------ 代码分析 ------------------------------
 上面if语句是在处理节点报告任务时的判断处理,加入了射频识别设备状体判断
    -- 如果唤醒成功,系统开启射频读卡任务,否则,重新唤醒
 -----------------------------------------------------------------------*/

  if ( event & MY_FIND_COLLECTOR_EVT )
  {

    // Delete previous binding
    if ( appState==APP_REPORT )
    {
      ...
    }
    ...
  }
  if ( event & MY_SEND_EVT )
  {

if(NfcSend(NFC_DETECT)!=0)
{
  osal_memset(RfTx.Buf,'x',sizeof(RfPacket_t));
```

```
    RfTx.Pack.Data[0]=UID[0];
    RfTx.Pack.Data[1]=UID[1];
    RfTx.Pack.Data[2]=UID[2];
    RfTx.Pack.Data[3]=UID[3];
    sendDummyReport();


}
/*------------------------------ 代码分析 ------------------------------
      -- 如果射频识别设备探测状态，对 RfTx.Buf 数据缓冲区初始化
-- 写入数据
-- 调用数据发送函数 sendDummyReport()
    ------------------------------------------------------------------*/

    osal_start_timerEx( sapi_TaskID,MY_SEND_EVT,1000);
}


}

/*********************************************************************
 *  函数名称    sendDummyReport
 *  功能        获取并发送射频识别设备数据
-- 此部分为用户重点编写部分，与任务一中代码大部分相同
 */

#define SENSOR_LENGTH        40
static void sendDummyReport(void)
{
    // uint8 pData[SENSOR_LENGTH+4];      //12B 数据
    static uint8 reportNr=0;
    uint8 txOptions;
    uint16 val1,val2;
    Dtype=33;                            // 射频识别模块

    // 参考任务一对应分析
    ......
    RfTx.Pack.Cmd[0]='R';                // 射频识别标识
    RfTx.Pack.Cmd[1]='F';
    RfTx.Pack.Len=4;

 ...
}

/*********************************************************************
 *  函数名称        CleanBuffer
 *  功能            自定义函数，对缓冲区清零
--num             清零位数
--ch              写入字符
 */

void CleanBuffer(uint16 num,uint8 ch)// 清零前多少个字节的数据
{
    uint16 i=0;
    for(i=0;i<num;i++)
    RxBuffer1[i]=ch;
```

```
}
/****************************************************************************
 *  函数名称    NfcReceiveAck
 *  功能        自定义函数，Nfc 接受应答
*/
uint8 NfcReceiveAck(void)
{
    CleanBuffer(RX_DUMP,0);        // 对 RxBuffer1 缓冲区前 6 位进行置 0 操作
    if(6==HalUARTRead(0,RxBuffer1,RX_DUMP)){
            if(RxBuffer1[0]==0x00&&RxBuffer1[1]==0x00&&RxBuffer1[2]==0xFF&&
                RxBuffer1[3]==0x00&&RxBuffer1[4]==0xFF&&RxBuffer1[5]==0x00){return 0;
            }
    }
    HalUARTRead(0,RxBuffer1,sizeof(RxBuffer1));
    return 1;
}
/*----------------------------- 应答协议格式 --------------------------------
    --PC->PN532: 00 00 FF 0F F1 D4 40 01 60 03 FF FF FF FF FF FF D5 42 76 48 B9 0
    --PN532->PC: 应答 ( 间距 5ms)      00 00 FF 00 FF 00
    --PN532->PC: 回复    00 00 FF 03 FD D5 41 00 EA 00
    -------------------------------------------------------------------------*/


/****************************************************************************
 *  函数名称    NfcReceive
 *  功能        自定义函数，Nfc 接受数据
*/
void NfcReceive(uint8 imLen,uint8 imCmd)
{
    uchar readLen=0;
    uint8 i;
    uint8 CheckCode=0;                  // 数据校验码
    uint8 temp=0;
    CleanBuffer(sizeof(RxBuffer1),'*');
    readLen=HalUARTRead(0,RxBuffer1,imLen);
    if(readLen==imLen){
        for(i=11-RX_DUMP;i<imLen-2;i++){
            temp+=RxBuffer1[i];
        }
        CheckCode=0x100-temp;
        if(CheckCode!=RxBuffer1[imLen-2]){
            flag_rev_finish=0;
        }else
            {
            switch(imCmd){
            case NFC_WAKEUP:
                flag_rev_finish|=(1<<imCmd); // 接收完毕 , 激活成功
            break;
            case NFC_DETECT:
                UID[0]=RxBuffer1[19-RX_DUMP];
                UID[1]=RxBuffer1[20-RX_DUMP];
                UID[2]=RxBuffer1[21-RX_DUMP];
                UID[3]=RxBuffer1[22-RX_DUMP];
                flag_rev_finish|=(1<<imCmd);
```

```
                break;

            default:
                flag_rev_finish=0;
            break;
            }
        }
    }else{
        Delay_ms(1);
        flag_rev_finish=0;
    }
}


/*********************************************************************
 * 函数名称    NfcSend
 * 功能        自定义函数，Nfc发送数据
*/

uint8 NfcSend(uint8 cmd)
{
    uint8 temp=0,i,j,recLen=0;
    flag_rev_finish=0;
    if(cmd==NFC_WAKEUP){
        recLen=15;
        HalUARTWrite(0,NfcWakeup,sizeof(NfcWakeup));
    }
    if(cmd==NFC_DETECT){
        recLen=25;
        HalUARTWrite(0,NfcDetect,sizeof(NfcDetect));
    }
    Delay_10us();

    if(0!=NfcReceiveAck()){                    // 应答不成功
        return 2;
    }
    NfcReceive(recLen-RX_DUMP,cmd);

    oled_clear_vertical(2);
    if(flag_rev_finish&(1<<cmd)){

        if(cmd==NFC_WAKEUP){
            sprintf(Str2,"%s success!",StrNfc[cmd]);
        }
        if(cmd==NFC_DETECT){
        sprintf(Str2,"ID:%x %x %x %x",UID[0],UID[1],UID[2],UID[3]);
        }

        oled_disp_string(3,1,Str2);
        return 0;
    }

    if(cmd==NFC_WAKEUP){
        sprintf(Str2,"%s repeat!",StrNfc[cmd]);
    }else if(cmd==NFC_DETECT){
```

```
        sprintf(Str2,"%s no card!",StrNfc[cmd]);
    }
    oled_disp_string(3,1,Str2);
    return 1;
}
```

（2）协调器节点代码分析（DemoCollector.c）：

```
/*******************************************************************************
 * 函数名称:            zb_ReceiveDataIndication
 * 功能:         获取射频识别节点数据，根据条件进行封装，向外广播数据
 */
void zb_ReceiveDataIndication( uint16 source, uint16 command, uint16 len, uint8
*pData )
{
    ...
    if(len!=40) return;
        if ((pData[0]=='#') && (pData[39]=='$')&&(pData[8]==13))     //Z:5A    X:58
        {// 控制命令
          ...
          pData[8]=28;            // 语音播放标识
          pData[9]='Z';
          pData[10]='X';
          ...
        }
    zb_SendDataRequest( 0xFFFF, DUMMY_REPORT_CMD_ID , len,pData, 0, txOptions, 0 );
}
```

（3）语音播报节点代码（DemoRelay.c）：

```
/*LOCAL FUNCTIONS */
/--- 声明语音播报自定义函数
void yuyin_trform(uint8 *HZdata);
/*GLOBAL VARIABLES */
/-- 自 - 定义语音播报函数
void yuyin_trform(uint8 *HZdata)
{
    unsigned  char Frame_Info[100];
    unsigned  int  HZ_Length;
    HZ_Length =strlen((char*)HZdata);
    Frame_Info[0]=0xFD;
    Frame_Info[1]=0x00;
    Frame_Info[2]=HZ_Length+4;
    Frame_Info[3]=0x01;
    Frame_Info[4]=0x01;
    Frame_Info[HZ_Length+5]=0x0D;
    Frame_Info[HZ_Length+6]=0x0A;
    memcpy(&Frame_Info[5], HZdata, HZ_Length);
    HalUARTWrite(0,Frame_Info,7+HZ_Length);
}
```

提示：当语音播报节点接收到数据实现相应控制代码时，是直接调用系统接口 sapi.c 文件中的

SAPI_ReceiveDataIndication() 函数来实现的。代码分析如下：

```
void SAPI_ReceiveDataIndication( uint16 source, uint16 command, uint16 len,
uint8 *pData )
{
    ...
    #if (LOG_TYPE==4)
    ...
    if( (*pData=='#'))
    {
        if(*(pData+8)==28)
        {
sprintf(Str2,"卡号为 :%x %x %x %x",*(pData+12),*(pData+13),*(pData+14),*
(pData+15));
            yuyin_trform(Str2);  // 播报卡号
        }
    }
#endif  //LOG_TYPE==4
}
```

任务实现

（1）在 IAR Embedded Workbench 开发环境下打开随书资源中 "项目 5\ 任务 3\Projects\zstack\ Samples\SensorDemo\CC2530DB\SensorDemo.eww" 工程文件。

（2）在左侧工作空间处依次选择 End_Sensor、CollectorEB、Relay 三种设备选项，编辑前面关键代码分析中相应文件中的源码，完成后保存。

（3）在左侧工作空间处依次选择 End_Sensor、CollectorEB、Relay 三种设备选项，右击工程名称，在弹出的快捷菜单中选择 Rebuild All 命令进行射频识别、协调器、语音播报程序的编译，成功编译后，在工程目录下 output 文件夹中生成了对应的 SensoEnd.hex、collector.hex、relay.hex。

可执行文件（编译选项请参考随书资源中 "CC2530 节点板开发指南 V1.2" 进行配置）。

（4）打开 SmartRF Programmer 软件（相关操作参考随书资源中 "CC2530 开发套件相关软件的安装"），将仿真器连接 ZigBee 节点模块，分别将 SensoEnd.hex、collector.hex、relay.hex 下载到对应的节点模块。

（5）查看运行结果。程序下载完毕，射频识别、协调器、语音播报节点模块上电，当射频识别设备发生刷卡行为时，语音播报节点进行卡号播报。

任务小结

本任务主要是基于 ZigBee 协议栈编程实现了刷卡语音播报的功能，此场景在生活中应用广泛，射频识别和语音播报相关功能实现在项目 4 中有所讲述，注意分析 NFC 卡、语音数据在本任务代码中的数据结构定义，在学习过程中主要是工程工作空间中设备代码对应关系，End_Sensor 代表射频识别，Relay 代表语音播放。

任务 4　楼梯感应灯的实现

任务描述

利用人体红外模块采集人体感应信息，并且利用光敏模块感知环境光照强度。当处于有人状态并且光敏值大于 45 时，向继电器模块发送指令，点亮灯泡；当无人状态或者光敏值小于 45 时，向继电器模块发送指令，延时 5 s，熄灭灯泡。

知识引入

本任务实现需要 4 个 ZigBee 节点，分别为人体感应模块、用光敏模块、协调器和继电器模块。

在本任务工程工作空间中，CollectorEB 代表协调器，End_Sensor 代表人体、光敏传感器（在程序中只需修改 Dtype 变量的值，完成两种传感器代码设计），Relay 代表继电器。

关键代码分析：

（1）传感器代码分析（Demo_SensorEnd .c）：

本任务人体识别代码与任务 1 相同，可以直接利用任务 1 中的代码。

光敏传感器代码与人体识别的代码差异只是在 sendDummyReport(void) 函数中描述传感器类型 Dtype 变量的值不同，其他不变。

```
/******************************************************************
 * 函数名称  sendDummyReport
 */
#define SENSOR_LENGTH      40
static void sendDummyReport(void)
{
...
    Dtype=17;      // 人体红外模块
...
}
```

（2）协调器节点代码分析（DemoCollector.c）：

```
/******************************************************************
 * 函数名称:          zb_ReceiveDataIndication
 * 功能:          获取人体、光敏传感器节点数据，根据条件进行封装，向外广播数据
 */
void zb_ReceiveDataIndication( uint16 source, uint16 command, uint16 len, uint8
*pData  )
{
    ...
    if(len!=40) return;
    if((pData[0]=='#') && (pData[39]=='$')&&(pData[8]==7) && (pData[12]>45))
    {
```

```
        gm_flag=1;
    }
    else if((pData[0]=='#')&& (pData[39]=='$')&&(pData[8]==7) )
    {
        gm_flag=0;
    }
/*--------------------------------- 代码分析 ---------------------------------
-- 当光敏值大于 45 时，gm_flag 置 1，否则为 0
------------------------------------------------------------------------*/

    if ((pData[0]=='#')&& (pData[39]=='$')&&(pData[8]==17))
    {               // 控制命令
        #if defined DEBUG_UART
        uart_printf("\r\nSEND ZIGBEE:");
        uart_datas(pBuf,len);
        #endif
        if((pData[12]==1)&&(gm_flag==1))
        {
            pData[12]=1;
        }
        else
        {
            pData[12]=0;
        }
/*--------------------------------- 代码分析 ---------------------------------
-- 实现当有人且光敏值大于 45 时， pData[12] 置 1，否则为 0，用以继电器节点来判断其开关状态
------------------------------------------------------------------------*/

        ...
    }
    zb_SendDataRequest( 0xFFFF, DUMMY_REPORT_CMD_ID , len,pData, 0,
txOptions, 0 );

    }
}
```

（3）继电器节点代码（DemoRelay.c）：

由于此节点为继电器模块，因此代码分析与任务 1 相同，这里不做重述。

提示：当继电器接收到数据实现相应控制代码时，是直接调用系统接口 sapi.c 文件中的 SAPI_ReceiveDataIndication() 函数来实现的，此处代码比任务 1 中增加了一条延时语句。

```
void SAPI_ReceiveDataIndication( uint16 source, uint16 command, uint16 len,
uint8 *pData )
{...
    else if((*(pData+12)==0)&&(*(pData+8)==1))
    {
        MicroWait(5000);          // 此处加入延时函数
        set_p0_bit(1,0);
        set_p0_bit(2,0);
    }
}
```

任务实现

（1）在 IAR Embedded Workbench 开发环境下打开随书资源中"项目 5\ 任务 4\Projects\zstack\ Samples\SensorDemo\CC2530DB\SensorDemo.eww"工程文件。

（2）在左侧工作空间处依次选择 End_Sensor、CollectorEB、Relay 三种设备选项，编辑前面关键代码分析中相应文件中的源码，完成后保存。

（3）在左侧工作空间处依次选择 End_Sensor、CollectorEB、Relay 三种设备选项，右击工程名称，在弹出的快捷菜单中选择 Rebuild All 命令进行人体、协调器、继电器的编译，成功编译后，在工程目录下 output 文件夹中生成了对应的 SensoEnd.hex、collector.hex、relay.hex 可执行文件（编译选项请参考任务 1 中描述进行配置）。

（4）打开 SmartRF Programmer 软件（相关选项请参考任务 1 中描述进行配置），将仿真器连接 ZigBee 节点模块，分别将 SensoEnd.hex、collector.hex、relay.hex 下载到对应的节点模块。

依照关键代码分析位置修改传感器模块 Dtype 值为 17，重新编译，下载到光敏传感器节点模块中。

（5）查看运行结果。程序下载完毕，人体、光敏、协调器、继电器节点模块上电，当有人靠近人体传感器且光敏值大于 45 时，灯泡亮，当无人或光敏值小于等于 45 时，延时 5 s 后，灯泡灭。

任务小结

本任务在任务 1 的基础上增加了一个光敏传感器，因此代码与任务 1 多有相同之处。当协调器转发时，需要根据条件对 pData[12] 赋值。注意，关键代码分析部分强调的增加或修改位置，在 Demo_SensorEnd .c 程序中只需修改 Dtype 变量的值，就可以完成两种传感器代码设计。此任务为多传感器场景解决方案提供了实现思路。

任务 5　仓库自动通风的控制

任务描述

利用湿度模块采集环境湿度信息，利用有害气体模块采集环境有害气体信息，当湿度或者有害气体浓度大于指定值（本例中湿度上限指定 60，可燃气上限指定 5），向继电器模块发送指令，开启风扇；反之，向继电器模块发送指令，关闭风扇。

知识引入

本任务实现需要 4 个 ZigBee 节点，分别为温湿度传感器模块、用有害气体模块、协调器和继电器模块。

在本任务工程工作空间中，CollectorEB 代表协调器，End_Sensor 可燃气、温湿度传感器（在程序中只需修改 Dtype 变量的值，完成两种传感器代码设计。本样例中给出的是可燃气传感器代码)，Relay 代表继电器。

关键代码分析

（1）传感器代码分析（Demo_SensorEnd .c）：

本任务温湿度传感器代码与任务 2 相同，可以直接利用任务 2 中的代码。

样例中给出的可燃气传感器代码与温湿度传感器的代码差异，只是在 sendDummyReport 函数中描述传感器类型 Dtype 变量的值不同，其他不变。

```
/******************************************************************************
 * 函数名称   sendDummyReport
 */
#define SENSOR_LENGTH        40
static void sendDummyReport(void)
{
...
Dtype=25;        // 可燃气传感器模块

...
}
```

（2）协调器节点代码分析（DemoCollector.c）：

```
/******************************************************************************
 * 函数名称:            zb_ReceiveDataIndication
 * 功能:                获取湿度、可燃气传感器节点数据，根据条件进行封装，向外广播数据
 */

void zb_ReceiveDataIndication( uint16 source, uint16 command, uint16 len, uint8
*pData )
{
    ...
    if(len!=40) return;
    if((pData[0]=='#') && (pData[39]=='$')&&(pData[8]==18) && (pData[14]>60))
    {
        gm_flag=1;
    }
    else if((pData[0]=='#') && (pData[39]=='$')&&(pData[8]==18) )
    {
        gm_flag=0;
    }
/*------------------------------- 代码分析 -------------------------------
 -- 当湿度值大于 20 度时，gm_flag 置 1，否则为 0
--------------------------------------------------------------------------*/
    if ((pData[0]=='#')&& (pData[39]=='$')&&(pData[8]==25))
    {             // 控制命令
        ...
        if((pData[12]>5)||(gm_flag==1))
            {
                pData[12]=1;
            }
```

```
            else
            {
            pData[12]=0;
        }
    /*------------------------------- 代码分析 -------------------------------
      -- 实现当湿度大于 20，或者可燃气高于 2， pData[12] 置 1，否则为 0，用以继电器节点来判断其
开关状态
      ------------------------------------------------------------------*/
        ...
    }
    zb_SendDataRequest( 0xFFFF, DUMMY_REPORT_CMD_ID , len,pData, 0,
txOptions, 0 );
...
}
```

（3）继电器节点代码（DemoRelay.c）：

由于此节点为继电器模块，因此代码分析与任务一相同，这里不做重述。

提示：当继电器接收到数据实现相应控制代码时，是直接调用系统接口 sapi.c 文件中的 SAPI_ReceiveDataIndication() 函数来实现的，如果需要延时，可在相应的位置增加延时语句。

任务实现

（1）在 IAR Embedded Workbench 开发环境下打开随书资源中"项目 5\ 任务 5\Projects\zstack\Samples\SensorDemo\CC2530DB\SensorDemo.eww"工程文件。

（2）在左侧工作空间处依次选择 End_Sensor、CollectorEB、Relay 三种设备选项，编辑前面关键代码分析中相应文件中的源码，完成后保存。

（3）在左侧工作空间处依次选择 End_Sensor、CollectorEB、Relay 三种设备选项，右击工程名称，在弹出的快捷菜单中选择 Rebuild All 命令进行可燃气、协调器、继电器的编译，成功编译后，在工程目录下 output 文件夹中生成了对应的 SensoEnd.hex、collector.hex、relay.hex 可执行文件（编译选项请参考任务 1 中描述进行配置）。

（4）打开 smartrf programmer 软件（相关选项请参考任务 1 中描述进行配置），将仿真器连接 ZigBee 节点模块，分别将 SensoEnd.hex、collector.hex、relay.hex 下载到对应的节点模块。

依照关键代码分析位置修改传感器模块 Dtype 值为 18，重新编译，下载到温湿度传感器节点模块中。

（5）查看运行结果。程序下载完毕，温湿度、可燃气、协调器、继电器节点模块上电，当环境湿度高于 60 或者可燃气高于 5 时，风扇开；反之，风扇关。

任务小结

本任务在任务 2 的基础上增加了一个可燃气传感器，因此代码与任务 2 多有相同之处。当协调器转发时，需要根据条件对 pData[12] 赋值。注意此处第一个赋值条件取值应为湿度值，以及关键代码分析部分强调的增加或修改位置。

知识拓展

本项目中应用层通信数据结构（无线发送缓冲区数据），40B 数组：

```
struct{
    uint8 Head;              // 头
    uint8 Laddr[2];          // 本设备 IEEE 2 字节
    uint8 Saddr[2];          // 本设备网络短地址 2 字节
    uint8 Sid[4];            // 传感器编号（第八位有效）
    uint8 Cmd[2];            // 命令 传感器 SN RF 执行器 ZX
    uint8 Len;               // 有效数据长度
    uint8 Data[16];          // 数据存储区
    uint8 Other[9];          // 备用
    uint8 Crc[2];            // 校验位
    uint8 Tail;              // 帧尾
}Pack;
```

具体传输数据包格式如表 6-1 所示。

表 6-1　传输数据包格式

地址	0	1..2	3..4	5..8	9..10	11	12..27	28..36	37..38	39
长度	1	2	2	4	2	1	16	9	2	1
字段	Head	Paddr	Saddr	Sid	Cmd	Len	Data	Other	Crc	Tail
名称	命令头	父地址	短地址	传感器 ID	命令	数据长度	数据	备用	校验	命令尾
值	#									$

在 ZigBee 传输体系中，有传感器（采集）和执行器之分，为了数据解析的及时性，将 Cmd[2] 内存放命令字符以区分两种（传感器、执行器）终端节点，在此处"S N"表示传感器，"Z X"表示执行器。例如，温湿度传感数据的示例：

23					命令头"#"
00	78				父短地址
68	B7				短地址
03	34	12	12		传感器类别
53	4E				S N
04					数据长度
1B	00	2E	00		数据存储
78 78 78 78 78 78 78 78 78 78 78 78					数据存储
78 78 78 78 78 78 78 78 78					备用数据
78 78					CRC 校验
24					命令尾 »$»

项目总结

本项目利用 5 个日常任务场景，基于 ZigBee 协议栈编程实现多点之间相互通信，通过约束来完成设备的无线控制，实现了无线传感网的组建。在学习过程中，应对 ZigBee 协议栈整体结构及对应功能加以熟悉，理解基于 ZigBee 协议栈的组网的工作流程，掌握各设备对应的关键知识点，达到灵活应用的程度。注意本项目中任务 1 中的任务分析部分内容，适合与此项目中所有任务，仔细阅读，有助于理解任务的设计思路。

常见问题解析

（1）组网后，怎样获取新加入的 Endpoint 的地址？

现在有一个最常见的场景，我有一个 100 个节点的网络同时发送数据给协调器，很想知道那个地址对应哪个节点。即使知道了某个节点的 IEEE 地址还是不知道是某个节点，除非事先知道那个节点的地址。

终端在给协调器发送的数据包中包含自己的地址信息即可，这样协调器就不用浪费自己的 RAM 空间来保存所有节点的地址信息，也不用花时间来查询。

因为 MAC 地址是唯一的，所以可以用 MAC 地址。这里有个办法，在批量烧写 CC2530 时，就把它的 IEEE 地址读出来，然后贴在标签上。

（2）ZigBee 网络中协调器分配网络地址在哪里？如何查看设备的网络地址？

协调器的短地址是 0x0000，当设备加入成功，会产生一个 ZDO_STATE_CHANGE_EVT 事件，这个事件就是设备加入网络成功后，并在网络中的身份确定后产生的一个事件。我们可以在这里处理，并进行初始化，例如，可以发送终端的短地址、IEEE 地址等，这里协调器接收到以后，可以提取出终端的短地址。其实在终端给协调器发送的每个数据包中，都含有其自身的短地址，如结构体当中的 afAddrType_t srcAddr；协调器在接收到短地址后，就可以知道自己下面管辖的终端节点，或者路由节点有哪些。协调器提取到的短地址可以存放到一个非易失性的存储器中。

两种方法：

① 节点在入网时都会发送 Device Announce（终端入网请求），这个 Device Announce 是广播数据，所以每个设备的 Device Announce，Coordinator（协调器）都能收到，而且在 Device Announce 都带有这个设备的短地址，那么你的 Coordinator 也就可以获得所有终端设备的短地址了。

② 如果错过了 Device Announce，在协议栈里面有现成的 API ZDP_IEEEAddrReq() 函数也可以使用获得终端设备的地址。

（3）怎样将 ZigBee 自组织网络的数据传到服务器？

ZigBee 协调器通过串行口连接网关实现 ZigBee 采集数据上传到远程服务器。

（4）怎样利用移动终端设备（手机）去控制发送数据来操控 ZigBee 网络中的节点动作？

手机通过 GPRS 或者 Wi-Fi 将数据发送到服务器，然后由服务器转化给 ZigBee 网络的协调器，协调器再将数据转发给对应的终端节点，终端节点解析数据后执行相应动作。

（5）显示数组时，如果数组的值是程序运行过程中外部赋予的，那么在液晶或者 OLED 显示时，其尾部会有乱码，怎样处理该问题？

在给数组的最后一个有效数字后面的元素赋值 '\0'，这样就可以解决，但是在串口显示时 '\0' 会显示为 '*'。

（6）指针函数的返回值为一指针，调用后获得数据，显示的时候会有乱码？

返回值为指针的时候，该指针变量必须定义为全局变量。

（7）通过串行口发送指令时，发送一次后，协调器将自动不停地发送数据，导致终端节点接收到数据后，不停地传送自己的数据导致网络堵塞？

在协调器启动发送广播数据获取终端节点的数据时，先判断通过回调函数获取的串行口数据，采用 if(osal_memcmp(uart_cmd,"get_data" && (data_lg >=1) 判断后发送获取数据指令。

（uart_cmd 为定义的存放上位机通过串行口发送来的数据；data_lg 为定义的上位机通过串行口发送来的数据长度）

（8）组建的网络在协调器断点后，为什么终端节点无法加入协调器新建的网络中？

协调器断电，节点成了孤点，一直在搜网，SampleApp_NwkState == DEV_NWK_ORPHAN；不能加入协调器的原因：协调器重新启动后，PANID 变了，节点还在找原来 ID 的网络，所以不加入新的网络中。可以通过在终端节点的网络状态改变函数中加 SampleApp_NwkState == DEV_NWK_ORPHAN，触发终端节点重新复位。复位后就会重新搜索网络，并加入新的网络。

（9）最近发生的那个 osal_timeout 作为休眠时间，怎样知道 osal_timeout 的值是多少？

这个 timeout 主要分为两类：一类是应用层事件的 timeout；另外一类是 MAC 层事件的 timeout。应用层的 timeout 的时间，是在 osal_pwrmgr_powerconserve(void) 函数中，通过 osal_next_timeout(); 获得的。MAC 层的 timeout 时间，是通过 halSleep(uint16 osal_timeout) 函数中的 MAC_PwrNextTimeout(); 来获得的。

（10）如何让 End Device 进入低功耗状态，休眠时间是如何设置的？

在协议栈宏定义中使能 POWER_SAVING 后，然后在 f8wConfig.cfg 文件中把 –DRFD_RCVC_ALWAYS_ON=FALSE，就可以让 End Device 进入休眠状态。关于休眠的时间是由 OSAL 操作系统的调度来决定，每次休眠时间都是按照最新发生的一个 Event Timeout 作为休眠时间。具体在协议栈 hal_sleep() 函数中有说明。

这个 timeout 主要分为两类：一类是应用层事件的 timeout；另外一类是 MAC 层事件的 timeout。

① 应用层的 timeout 的时间，是在 osal_pwrmgr_powerconserve(void) 函数中，通过 osal_next_timeout(); 获得的。

② MAC 层的 timeout 时间，是通过 halSleep(uint16 osal_timeout) 函数中的 MAC_PwrNextTimeout(); 来获得的。

（11）TI 的 ZigBee 协议栈不同的版本有所区别，如何选择合适的协议栈进行产品开发。

TI ZigBee 协议栈 Z-Stack 从最开始的 Z-Stack 0.1 到大家熟悉的 Z-Stack 2.5.1a，以及到 Z-Stack Home 1.2.1、Z-Stack Lghting 1.0.2、Z-Stack Energy 1.0.1、Z-Stack Mesh 1.0.0，在协议栈的升级过程 TI 主要对协议栈做了两方面的工作：

① 根据 ZigBee Alliance 的 ZigBee Specification 进行一些新的 Feature 添加，例如，ZigBee

2007 是树状的路由，在 ZigBee Pro 中有了 Mesh 路由，并且提出了 MTO 和 Source Routing 等路由算法，所以 TI 把相应新的功能添加到协议栈上。

② TI ZigBee 协议栈 bug 的修复。一个版本的协议栈相对于之前一个版本协议栈的区别，都可以在协议栈安装目录下的 Release Note 中找到。

在 Z-Stack 2.5.1a 以后，TI 的协议栈并没有继续以 Z-Stack 2.6.x 的形式直接发布，而是按照 Application Profile 的方式来发布，原因在于 TI 希望开发者根据实际的应用选择更有针对性的协议栈进行开发。像 Z-Stack Home 1.2.1 之类的协议栈，主要包括两部分：

① 核心协议栈 Core Stack，这部分起始就是之前的 Z-Stack 2.5.1a 以后的延续版本，可以在协议栈安装目录下 Z-Stack Core Release Notes.txt 文件中找到，Version 2.6.2。

② 应用协议栈 Profile 相关，这部分主要跟实际应用相关，Home Automation 协议栈里都是 ZigBee Home Automation Profile 相关的实现。同样，Z-Stack Lghting 1.0.2 和 Z-Stack Energy 1.0.1 也是一个核心协议栈再加上应用协议栈而形成的。

Z-Stack Home 1.2.1 针对智能家居相关产品的开发。

Z-Stack Lighting 1.0.2 针对 ZLL 相关产品的开发。

Z-Stack Energy 1.0.1 针对智能能源、仪表、户内显示系统等相关产品的开发。

Z-Stack Mesh 1.0.0 针对相关私有应用的产品的开发，只利用标准 ZigBee 协议相关功能、Mesh 路由等，应用层由开发者自己定义。

（12）设备的 64 位 MAC 地址是怎么样选取的？

在 CC2530 中分为两个 IEEE 地址：一个称为 Primary IEEE 地址；另一个称为 Secondary 地址。Primary IEEE 地址存放在芯片的 Information Page 中，这个地址是 TI 向 IEEE 协会购买的，每个芯片的地址都是唯一的，并且用户只能读这个值，没办法擦除 / 修改。在协议栈中直接通过读地址可以获得 osal_memcpy(aExtendedAddress, (uint8 *)(P_INFOPAGE+HAL_INFOP_IEEE_OSET), Z_EXTADDR_LEN)。Secondary 地址是存放在 CC2530 中的 Flash 最后一个 Page 里面，用户可以进行读 / 写，通过函数 HalFlashRead(HAL_FLASH_IEEE_PAGE, HAL_FLASH_IEEE_OSET, aExtendedAddress, Z_EXTADDR_LEN)；进行读取。协议栈运行是如何选择 Primary IEEE 地址或者 Secondary 地址作为设备的 MAC 地址的，具体在函数 zmain_ext_addr(void) 中操作。

① 从存储器中读取 IEEE 地址，如果已经存在（都不为 0xFF），就使用该地址作为 MAC 地址。

② 如果（1）中没有，从 Secondary IEEE 地址存放位置读取；如果有（都不为 0xFF），把该地址写入到 NV 中，以后就用该地址作为 MAC 地址。

③ 如果（2）中没有，从 Primary IEEE 地址存放位置读取，如果有（都不为 0xFF），把该地址写入到 NV 中，以后就用该地址作为 MAC 地址。

④ 如果（3）中没有，就随机产生一个 64 位的变量，写入到 NV 中，并作为 MAC 地址。

（13）End Device 是低功耗设备，有电池供电，节点在断网以后，如何能够禁止节点持续搜索网络？

① 启动搜索网络：uint8 ZDApp_StartJoiningCycle(void)；

停止搜索网络：uint8 ZDApp_StopJoiningCycle(void)。

② 更改发送 Beacon Request 的周期修改变量 zgDefaultStartingScanDuration；

// 间隔值

```
#define BEACON_ORDER_NO_BEACONS          15
#define BEACON_ORDER_4_MINUTES           14      // 245760 ms
#define BEACON_ORDER_2_MINUTES           13      // 122880 ms
#define BEACON_ORDER_1_MINUTE            12      // 61440 ms
#define BEACON_ORDER_31_SECONDS          11      // 30720 ms
#define BEACON_ORDER_15_SECONDS          10      // 15360 ms
#define BEACON_ORDER_7_5_SECONDS          9      // 7680 ms
#define BEACON_ORDER_4_SECONDS            8      // 3840 ms
#define BEACON_ORDER_2_SECONDS            7      // 1920 ms
#define BEACON_ORDER_1_SECOND             6      // 960 ms
#define BEACON_ORDER_480_MSEC             5
#define BEACON_ORDER_240_MSEC             4
#define BEACON_ORDER_120_MSEC             3
#define BEACON_ORDER_60_MSEC              2
#define BEACON_ORDER_30_MSEC              1
#define BEACON_ORDER_15_MSEC              0
```

（14）加入 hal_Sleep（）休眠函数后，上位机发送一次 get_data 命令，为什么收到两次数据？

协调器上电，状态改变触发事件，该事件自身设置定时启动，如果该事件自身定时启动的时间小于终端节点的正常工作时间，那么终端节点工作期间（醒来的状态）会再次受到协调器的周期发送事件。终端节点处理了该周期事件对应的指令所指向的事件后，接下来会执行休眠期间存储的事件。这样就会导致节点发送两次数据，自然就会收到两次数据。

解决方案：协调器的周期事件的启动时间大于终端节点的工作时间与休眠时间之和。

（15）不带功放修改输出功率增加通信距离的方法是什么？

可在文件 mac_pib.c 中改变输出功率，从而增加通信距离。

（16）对于以下程序

```
case AF_DATA_CONFIRM_CMD:
afDataConfirm=(afDataConfirm_t *)MSGpkt;
sentEP=afDataConfirm->endpoint;
sentStatus=afDataConfirm->hdr.status;
sentTransID=afDataConfirm->transID;
(void)sentEP;
(void)sentTransID;
if ( sentStatus != ZSuccess )
{
}
break;
```

如何理解？

只要调用了 AF_DataRequest() 函数发送数据，就会有 AF_DATA_CONFIRM_CMD 事件返回，

无论传输成功与否，sentStatus != ZSuccess 的解释与调用 AF_DataRequest() 函数的 options 参数有关：如果 option 中使能了 AF_ACK_REQUEST，表明需要应用层的 ACK，那么此时若 sentStatus == ZSuccess 则表明数据已经到达了目的地址；如果 option 中并没有使能 AF_ACK_REQUEST，表明只需要 MAC 层的 ACK，那么此时若 sentStatus == ZSuccess 则表明数据已经到下一跳节点。

（17）多个 ZigBee 网络如何防止数据干扰冲突？

答：代码不用自己写，直接使用 ZigBee 协议栈的例程就可以，如果想修改局域网络，防止和别的 ZigBee 组网冲突，可以修改协调器的 PANID，对应的终端节点和路由器会在这个 PANID 局域网中组网，可以防止冲突。

（18）Z-stack 协议栈中 #define BV(n)　　(1 << (n)) 是什么意思？

意思是 00000001 往左移移 N 位，例如，移 3 位的结果是 00001000。

（19）IAR 中 make、compile 和 Build 有何区别？

① Compile：只编译选定的目标，不管之前是否已经编译过。

② Make：编译选定的目标，但是 Make 只编译上次编译变化过的文件，减少重复劳动，节省时间。

③ Build：是对整个工程进行彻底的重新编译，而不管是否已经编译过。Build 过程往往会生成发布包，具体要看对 IDE 的配置。Build 在实际中应用很少，因为开发时候基本上不用，发布生产时一般都用 ANT 等工具来发布。Build 因为要全部编译，还要执行打包等额外工作，因此时间较长。

（20）Z-Stack 协议栈怎样生成 hex 文件？

① 在 f8w2530.xcl 文件中找到两行被注释掉的语句：

–M(CODE)[(_CODEBANK_START+_FIRST_BANK_ADDR)–(_CODEBANK_END+_FIRST_
BANK_ADDR)]*\

_NR_OF_BANKS+_FIRST_BANK_ADDR=0x8000

② 正确配置输出文件格式：选择 Project → Options → Linker → Output → Format → Other，右边的 Output 下拉列表框选择 intel-extended，Format variant 下拉列表框选择 None，Module-local 下拉列表框选择 Include all。选择 Project → Options → Linker → Output，选中 Override default，把编辑框中的文件名的扩展名改为 hex。

习　题

一、选择题

1. ZigBee 协议栈一般分为四层：物理层、（　　　　　）、网络层及应用层。

　　A. 媒体访问控制层　　B. 传输层　　　　　　　C. 会话层　　　　　　　D. 表示层

2. 下面关于 ZigBee 协议栈描述不正确的是（　　　　　）。

　　A. APP：应用层目录，这是用户创建各种不同工程的区域，在这个目录中包含了应用层的内容和这个项目的主要内容，在协议栈里面一般是以操作系统的任务实现的

　　B. HAL：硬件层目录，包含有与硬件相关的配置和驱动及操作函数

C. NWK：监控调试层，主要用于调试目的，即实现通过串口调试各层，与各层进行直接交互

D. OSAL：协议栈的操作系统

3. 下列关于协调器角色功能描述不正确的是（　　　　）。

A. 是每个独立的 ZigBee 网络中的核心设备

B. 负责建立和配置网络，负责选择一个信道和一个网络

C. 当网络建立完成后，协调器将失去存在价值

D. 启动整个 ZigBee 网络

4. 下列关于 Tools 工程配置目录描述不正确的是（　　　　）。

A. 此目录下包含公共配置文件和不同设备私有配置文件

B. ZigBee 网络的网络号是在 f8wConfig.cfg 配置的

C. ZigBee 网络的信道号是在不同设备对应名称的配置文件中配置的

D. 包括空间划分和 Zstack 相关的配置信息

5. 下列关于 Zigbee 网络描述正确的是（　　　　）。

A. 在 ZigBee 网络中必须具有协调器（Coordinator）、路由器（Router）和终端设备（End-Device）3 种设备的存在，才能组成一个完整网络

B. 一个 ZigBee 网络的网络号是唯一的，各节点相同

C. 网络的信道号可以根据每个节点的特点来进行不同的选择，有利于提高传输速率

D. ZigBee 网络中的终端设备专指各类传感器节点

6. 在任务 1 中，Dtype=17 表示（　　　　）。

A. 温湿度模块　　　　　　　　　　B. 光敏模块

C. 人体红外模块　　　　　　　　　D. 继电器模块

7. 下列关于工程 main（）主函数的描述正确的是（　　　　）。

A. main（）主函数是程序的入口，存于 ZMain 文件夹中 ZMain.c 文件中

B. main（）主函数是程序的入口，存在于 APP 文件夹中设备对应的用户自定义文件中

C. 每个设备自定义文件代码中都存在一个 main（）

D. 主函数中多为用户自定义代码，调用各设备对应的代码文件

8. （　　　　）是简单应用程序接口程序文件。

A. sapi.c　　　　B. ZComDef.h　　　　C. OSAL.h　　　　D. DemoApp.h

9. 本项目中，ZigBee 无线发送缓冲区数据格式定义中，数据包长度为（　　　　）字节，从（　　　　）位开始存放有效数据。

A. 40,12　　　　B. 100,12　　　　C. 40,11　　　　D. 100,11

10. 本项目中，ZigBee 无线发送缓冲区数据格式定义中，数据包长度为（　　　　）字节，从（　　　　）位开始存放有效数据。

A. 40,12　　　　B. 100,12　　　　C. 40, 11　　　　D. 100,11

二、简答题

1. 简述无线传感网的特点及其涉及的相关技术领域。

2. 总结归纳 ZigBee 协议栈目录功能结构,在开发中最常操作的文件有哪些,分别实现何功能。

3. 简单归纳基于 ZigBee 协议栈的组网过程。

三、设计题

尝试利用本项目中的关键技术,编程实现项目 4 习题中的设计题。